# 草地调查监测

◎ 张东杰　任钊江　都日娜　主编

中国农业科学技术出版社

# 内容简介

本教材是基于高等职业教育草业技术专业群的职业能力需要，由学校主导、校企合作开发的活页式教材。本教材根据草地调查监测工作实际，设计了感知草地调查监测、识别草地植物、判别草地类型、调查草地基本特征、测定草地植物群落数量特征、调查监测草地第一性生产力、监测草地“三化”、监测草地灾害、评价草地9个项目35项工作任务。本书以体现“能力本位”为设计思路，按照技术技能人才成长特点和教学规律，以行动导向六步法（任务导入→任务准备→任务筹划→任务实施→任务总结→任务检测）教学模式为依据设计工作任务，介绍完成每一项工作任务所需要的相关知识和实际操作应采用的具体步骤及方法，培养学习者活学活用和自主创新的能力。

本教材可供高等职业院校草业技术、林草生态保护与修复等专业师生使用，也可以作为草业技术人员、林草工程技术人员、水土保持人员、草地监护人员、野生植物保护人员等相关职业岗位的培训教材。

# 编写人员

主　　编：张东杰（青海农牧科技职业学院）
任钊江（青海农牧科技职业学院）
都日娜（锡林郭勒职业学院）

副 主 编：何广礼（锡林郭勒职业学院）
马扶林（青海省海北牧业气象试验站）
马小雯（青海农牧科技职业学院）

参　　编：刘海聪（西藏职业技术学院）
闫国苍（青海农牧科技职业学院）
丁熙鸿（青海农牧科技职业学院）
郑艳霞（青海农牧科技职业学院）
蔡思彤（青海农牧科技职业学院）
李永金（青海农牧科技职业学院）
徐少南（青海农牧科技职业学院）
靳　伟（青海农牧科技职业学院）
芦文君（青海农牧科技职业学院）
王晓蒙（青海农牧科技职业学院）
田仲龙（青海农牧科技职业学院）
李生清（青海农牧科技职业学院）
祁增涛（青海农牧科技职业学院）

行业编者：张振华（青海省地质调查局）
巨文豪（青海省林业工程咨询有限公司）
冯登莲（湟源县畜牧兽医站）
周学丽（青海省草原改良试验站）

主　　审：张　英（青海大学农牧学院）
汪新川（青海省草原改良试验站）

# 前言

草地是我国重要的生态系统和自然资源，在维护国家生态安全、边疆稳定、民族团结和促进经济社会可持续发展、农牧民增收等方面具有基础性、战略性作用。草地调查监测则是掌握我国草地资源现状和变化情况，科学评价草地资源质量和生态状况，为科学利用草地资源、全面保护与系统修复草地生态提供决策支撑的重要手段。为适应草地调查监测工作的新形势与新发展，我们组织具有草地调查监测教学实践经验的专家学者共同编撰了《草地调查监测》。

本书是智能化 + 融媒体 + 新形态草业技术专业群课程系列教材之一，内容丰富，体例新颖，以草地各项调查监测项目为"经"，以行动导向六步法为"纬"，全面系统地介绍了草地调查监测的内容、步骤、方法和技术技能。主要内容包括：感知草地调查监测、识别草地植物、判别草地类型、调查草地基本特征、测定草地植物群落数量特征、调查监测草地第一性生产力、监测草地"三化"、监测草地灾害、评价草地。本书具有以下显著特点。

第一，行动导向、任务驱动。本书将草地调查监测划分为 9 个项目 35 项任务，按照行动导向六步法，对每项任务设计了"任务导入→任务准备→任务筹划→任务实施→任务总结→任务检测"实操流程，全程聚焦"任务"与"行动"，同时穿插"知识链接"模块，合理引入草地调查监测理论知识、政策文件、期刊论文、草地植物图谱及相关标准等，更好地做到了以实践为主、理论与实践相结合。

第二，无缝衔接、渗透思政。以践行习近平生态文明思想为主线，统筹设计草地调查监测的思政目标，紧密结合项目任务有效匹配思政素材，把草地调查监测教学与思政教育融为一体，实现思政的无缝衔接，有机渗透。

第三，活页理念，精讲留白。针对不同学习者学习需求，对草地调查监测的项目任务采用工作手册式活页展现，能让学习者快速习得自己急需的技术技能；对草地调查监测理论知识和实际操作内容进行要点提炼，并对重点内容、重点语句和关键词等做了标注，真正做到了精讲留白，有利于调动学习者的学习积极性，培养学习者的主动思考习惯。

第四，资源丰富、方便教学。本书配套资源丰富，包括课程标准、电子教案、

PPT 课件、在线测试题、试题库、微课等，极大地方便了教师的课程教学与学习者的自主学习。

第五，平台支撑，在线跟踪。为方便草地调查监测课程的教师教学与学生自学，配套专业化的在线共享课平台，教师可以在平台上实时进行任务布置、教学答疑和测试跟踪；学习者可以在平台上实时进行在线自学、在线提问和在线测试。教师能够实时跟踪学生的自主学习动态，学生能够全天候进行自主学习。

本教材由张东杰、任钊江（青海农牧科技职业学院），都日娜（锡林郭勒职业学院）任主编；何广礼（锡林郭勒职业学院），马扶林（青海省海北牧业气象试验站），马小雯（青海农牧科技职业学院）任副主编；张英（青海大学农牧学院），汪新川（青海省草原改良试验站）任主审；刘海聪（西藏职业技术学院），闫国苍、丁熙鸿、郑艳霞、蔡思彤、李永金、徐少南、靳伟、芦文君、王晓蒙、田仲龙、李生清、祁增涛（青海农牧科技职业学院），张振华（青海省地质调查局），巨文豪（青海省林业工程咨询有限公司），冯登莲（湟源县畜牧兽医站），周学丽（青海省草原改良试验站）参编。具体分工为：张东杰编写项目五任务一、二、三、四并负责全书统稿；任钊江编写项目一任务一、二、三及项目四任务一、二；都日娜编写项目六任务六、七；何广礼编写项目九任务三、四；马扶林编写项目八任务一、二；马小雯编写项目三任务一、二、三；刘海聪编写项目九任务一；闫国苍编写项目二任务一；丁熙鸿编写项目六任务四；郑艳霞编写项目九任务二；蔡思彤编写项目八任务四；李永金编写项目二任务二；徐少南编写项目八任务三；靳伟编写项目五任务五；芦文君编写项目六任务五；王晓蒙编写项目七任务三；田仲龙编写项目八任务五；李生清编写项目七任务一；祁增涛编写项目六任务一；张振华编写项目七任务二；巨文豪编写项目六任务三；冯登莲编写项目八任务六；周学丽编写项目六任务二。

本书编写过程中，参阅了大量的论著、标准及图形图像，吸取了相关专家学者的研究成果和有益的经验，在此表示衷心感谢！由于编者水平有限，再加上教材编写体例创新，书中错漏和不足之处在所难免，敬请专家学者和广大读者批评指正。

编　者<br>2024 年 2 月

# 目 录

# 项目一 感知草地调查监测

## 项目导读

草地是我国重要的生态系统和自然资源，在维护国家生态安全、边疆稳定、民族团结和促进经济社会可持续发展、农牧民增收等方面具有基础性、战略性作用。草地调查监测工作是掌握我国草地资源现状和变化情况，科学评价草地资源质量和生态状况，为科学利用草地资源、全面保护与系统修复草地生态提供决策支撑的重要手段。

本项目从区别草地与草地资源入手，通过行动导向“六步法”（任务导入→任务准备→任务筹划→任务实施→任务总结→任务检测）的操作流程，了解草地的形成、发展、演替的相关知识，掌握与草地相关的概念，熟悉草地调查监测工作的基本内容。

## 知识目标

（1）掌握草地、草地资源、原生草地、次生草地、显域性草地、隐域性草地等概念。

（2）了解草地形成、发展、演替的影响因素及作用。

（3）掌握草地调查监测工作的基本内容。

## 技能目标

（1）能区分原生草地与次生草地、显域性草地与隐域性草地。

（2）能分析研判某区域草地形成、发展、演替的影响因素。

（3）能区分草地调查与草地监测的工作内容。

## 素养目标

（1）树立安全意识。熟知野外工作安全常识，不因自己的行为给自己和他人带来危险。

（2）提升独立思考能力。能积极学习领悟所学内容，独立思考，灵活运用所学知识解决新的问题。

（3）有发现问题、提出问题并解决问题的兴趣和热情，主动承担工作任务及责任，制订合理的问题解决方案。

## 思政目标

（1）坚持敬畏自然，人与自然和谐相处，坚持绿色生活方式和可持续发展理念。

（2）通过分析草地的发生、发展、演替，提高个人系统思辨能力。

# 任务一　认识草地

### 任务导入

草地是地球生态系统的类型之一，是地球上分布最广的植被类型。据联合国粮农组织2000年统计，世界草地面积约为35亿 $hm^2$，占地球陆地面积的26.91%。据国家林业和草原局公布的数据显示，中国有天然草原近4亿 $hm^2$［近60亿亩（1亩≈667 $m^2$，全书同）］，约占世界草原面积的11%，居世界第一。

我国草地主要分布在西藏、内蒙古、新疆、青海、甘肃、四川等6个省（自治区），约占全国草地的94%。如果从中国的东北到西南划一条斜线，从东北的完达山开始，越过长城，沿吕梁山，经延安，一直向西南到青藏高原的东麓为止，可以把中国分为两大地理区：东南部分是丘陵平原区，离海洋较近，气候温湿，大部分为农业区；西北部分多为高山峻岭，离海洋远，气候干旱，风沙较多，是主要的草地区。

请认真理解并区分草地、草原、草地资源等相关概念，深入了解草地资源价值，搜集关于草业系统3个界面及草地农业的4个生产层相关资料，深刻理解草业系统3个界面及草地农业的4个生产层。

### 任务工单

班级＿＿＿＿＿＿＿＿　姓名＿＿＿＿＿＿＿＿　学号＿＿＿＿＿＿＿＿

| 任务名称 | 认识草地 |
| --- | --- |
| 任务描述 | 根据实际情况，填写本任务的内容、目的、流程和方法。<br>任务内容：＿＿＿＿＿＿＿＿＿＿＿＿＿＿＿＿＿＿＿＿＿＿＿＿＿＿＿＿。<br>任务目的：＿＿＿＿＿＿＿＿＿＿＿＿＿＿＿＿＿＿＿＿＿＿＿＿＿＿＿＿。<br>任务流程：＿＿＿＿＿＿＿＿＿＿＿＿＿＿＿＿＿＿＿＿＿＿＿＿＿＿＿＿。<br>任务方法：＿＿＿＿＿＿＿＿＿＿＿＿＿＿＿＿＿＿＿＿＿＿＿＿＿＿＿＿。 |

（续表）

<table>
<tr><td>获取信息</td><td>要完成任务，需要掌握相关的知识。请收集资料，回答以下问题。<br>1. 什么是草地，什么又是草原，二者有何区别?<br><br>2. 草地与草地资源之间有何关系，又有何区别?<br><br>3. 草地资源对于人类发展有什么重要作用?<br><br>4. 草业系统的 3 个界面是什么?<br><br>5. 草地农业的 4 个生产层指的是什么?</td></tr>
<tr><td>制订计划</td><td>制订完成本任务的工作计划。</td></tr>
<tr><td>任务实施</td><td>按照预先制订的工作计划，完成本任务，并记录任务实施过程。
<table>
<tr><td>序号</td><td>完成的任务</td><td>遇到的问题</td><td>解决办法</td></tr>
<tr><td></td><td></td><td></td><td></td></tr>
<tr><td></td><td></td><td></td><td></td></tr>
<tr><td></td><td></td><td></td><td></td></tr>
<tr><td></td><td></td><td></td><td></td></tr>
</table></td></tr>
<tr><td>任务评价</td><td>
<table>
<tr><td colspan="6">评价表</td></tr>
<tr><td>项目</td><td>评价内容</td><td>分值</td><td>自评</td><td>互评</td><td>师评</td></tr>
<tr><td rowspan="6">知识技能</td><td>正确复述并区分草地与草原的概念</td><td>10</td><td></td><td></td><td></td></tr>
<tr><td>正确复述并区分草地与草地资源的概念</td><td>10</td><td></td><td></td><td></td></tr>
<tr><td>搜集并汇总草地资源的价值</td><td>10</td><td></td><td></td><td></td></tr>
<tr><td>复述并举例说明草业系统的 3 个界面和草地农业的 4 个生产层</td><td>10</td><td></td><td></td><td></td></tr>
<tr><td>探索世界草地资源</td><td>10</td><td></td><td></td><td></td></tr>
<tr><td>探索中国草地资源</td><td>10</td><td></td><td></td><td></td></tr>
</table></td></tr>
</table>

（续表）

| | 评价表 | | | | | |
|---|---|---|---|---|---|---|
| | 项目 | 评价内容 | 分值 | 自评 | 互评 | 师评 |
| 任务评价 | 任务进度 | 提前完成 10 分；正常完成 7～9 分；超时完成 3～6 分；未完成 0～2 分 | 10 | | | |
| | 任务质量 | 整体效果很好为 10 分；较好为 7～9 分；一般为 3～6 分；较差为 0～2 分 | 10 | | | |
| | 素养表现 | 遵规守纪，独立思考，严谨探究，积极反思 | 10 | | | |
| | 思政表现 | 对草地保护与修复工作有强烈责任感、使命感，有尊重自然，敬畏自然理念 | 10 | | | |

## 任务准备

### • 知识准备

### 一、草地及草地资源

#### 1. 草地

草地从不同学科给予的不同定义，归结为它是一类特定的绿色地被、土地类型、环境景观、自然资源。草地的主导学科草学给予的定义为：草地是具有一定面积和牧用价值的植被及其生长地的总体，是畜牧业生产资料，并具有多种用途的植物资源，同时也是生态保护和人类生存的重要环境条件。

知识链接 1-1-1

我国学者对草地的定义

知识链接 1-1-2

我国的草地面积

草地以其成因的不同，有天然草地、半人工草地（人工改良的天然草地）、人工草地三大类。在我国天然草地面积最大、分布最广，是主要组成成分。

#### 2. 草地资源

天然草地是自然界中存在的、非人类创造的自然体，是自然界存在的各种类型，分布于各地的草地的泛称，它蕴藏着能满足人类生活和生产需要的能量与物质，是一类自然资源。只有当人类去开发利用，能产生产品和效益，使草地蕴藏的生产价值得以体现，才能成为现实的草地资源。

因此草地资源的定义为：经过人类利用、经营的草地，是生产资料和环境资源，是有数量、质量和分布地域的草地经营实体，使草地蕴藏的生产能力变为现实生产力。

由于受开发利用条件与程度的制约和影响，草地资源在具体地段、具体时间内所能利用表达的生产力，与草地蕴藏的生产力还不尽相同，既可能尚未充分发挥，也可能用之过度。

**3. 草地资源价值**

我国是世界上拥有草地资源最丰富的国家之一，天然草地总面积近 4 亿 $hm^2$，是覆盖我国陆地面积最大的绿色植被和生物资源，具有重要的生态、经济和社会价值。由于它面积大、分布广，在绿色植被的生态功能中处于主体地位，它可以影响气候、防止侵蚀、净化空气、美化环境。人类生存环境质量的高低，在一定意义上说，取决于草地生态功能作用的发挥。它是形成草业和畜牧业的物质基础，还在草料加工配制与流通、草地野生动植物资源开发、特色的旅游业发展等方面，体现出多重的经济功能。它是提高人民生活水平的重要支撑，由于地域和历史原因，草业和畜牧业与民族经济的发展、边防巩固息息相关，具有重要的社会功能。

知识链接 1-1-3　草地资源功能

知识链接 1-1-4　涉草产业

## 二、草业系统的主要界面（图 1-1-1）

**1. 草丛－地境界面（界面 A）**

草丛是初级生产的亚系统，地境是土地（含土壤和地形等土地因子）和大气等非生命环境亚系统，两者靠界面 A 的耦合形成的高一级的生态系统——草地系统。它具有新的特性，已经不是草丛和地境的简单组合。

**2. 草地－动物界面（界面 B）**

草地系统与以它为生存条件的草食动物，以及以草食动物为食物的肉食动物系统通过界面 B 的中介，构成更高一级的草畜系统。

**3. 草畜－社会界面（界面 C）**

草畜系统通过界面 C 与人类社会系统相耦合，经过了人类社会活动的干预，将草畜生态系统融入社会大生产，从而构成草业系统。

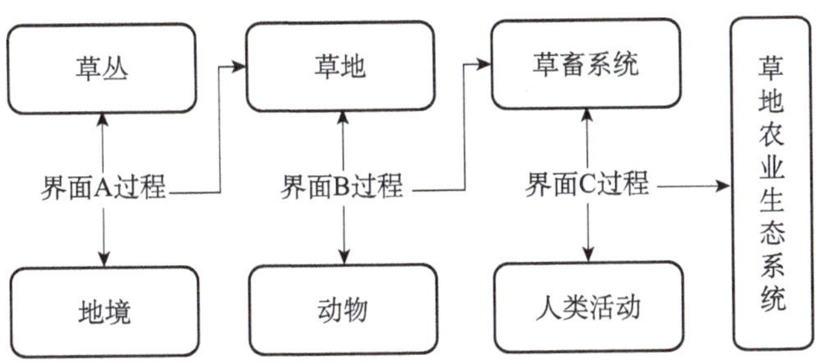


图 1-1-1　草业系统的 3 个主要界面结构图

### 三、草业系统的 4 个生产层（图 1-1-2）

草地农业是指在草地背景条件下，遵循生态学原理，融合了自然景观、种植业、畜牧业、加工业与流通业等多种产业而形成的，既可促进经济繁荣，又可导向可持续发展的一种生产体系。这种生态和生产两者兼顾而且能持续的系统可分为 4 个生产层。

**1. 前植物生产层（前初级生产层，环境生产层）**

这个生产层不以生产动植物产品为主要目的，而是以景观效益为主要社会产品的生产部分。例如，自然保护区、水土保持区、草地旅游、国家公园等，主要是通过提供生态服务来产生效益。

**2. 植物生产层（初级生产层）**

此生产层是草地上的牧草、野生经济植物等低级生产部分，类似于耕地上的植物生产。

**3. 动物生产层（次级生产层）**

此生产层是以家畜、野生动物及动物产品等为产品的生产部分。

**4. 后生物生产层（后动物生产层，加工贸易生产层）**

此生产层通过草畜产品加工、流通和贸易创造效益。

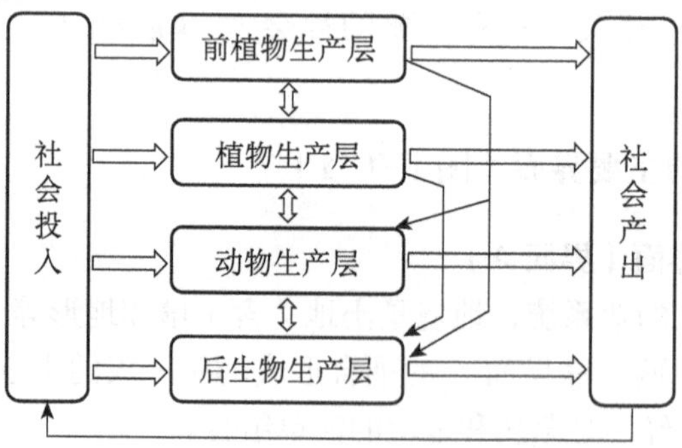


图 1-1-2　草业系统的 4 个生产层结构图

## • 工具准备

手机（平板或电脑）、笔记本、签字笔等。

## • 人员准备

**任务分工**

| 任务角色 | 任务内容 |
|---|---|
| 组长： | 任务：组织小组成员讨论草地相关的理论知识点、分配工作任务，督促完成任务，汇总理论知识点并组织完成知识的迁移学习。 |
| 组员 1： | 任务：通过手机、电脑、纸质书籍等途径搜集草地、草原、草地资源的相关论述；主持讨论并区分不同的概念。 |
| 组员 2： | 任务：通过手机、电脑、纸质书籍等途径搜集国内外草地相关信息，主持讨论并介绍国内外草地分布面积及类型特点。 |

（续表）

| 任务角色 | 任务内容 |
| --- | --- |
| 组员 3： | 任务：通过手机、电脑、纸质书籍等途径搜集草地资源对于人类、社会发展和生态环境的影响，主持讨论并介绍草地资源的价值。 |
| 组员 4： | 任务：通过手机、电脑、纸质书籍等途径搜集草业系统的 3 个界面和 4 个生产层相关知识，主持讨论加强小组成员对草业系统的理解。 |

## 任务筹划

完成认识草地任务，需要筹划以下 3 个方面的事项。

（1）现代社会信息技术发展日新月异，学习知识的途径不再拘束于实体教材和书籍，所以同学们在课中以及课后的学习过程中应该准备好手机、平板或电脑等工具，以便能够及时上网查阅相关信息。

草地相关知识汇总表

（2）任务完成过程中，必须对草原、草地、草地资源、草地资源价值等概念要深入理解并记忆，完成学习后能够准确复述重点概念和知识。

（3）在了解草业系统的 3 个界面和 4 个生产层过程中，要特别注意理解并记忆结构图。结构图对于知识的理解起着至关重要的作用。

## 任务实施

通过手机、电脑、纸质书籍等途径搜集：草地、草原、草地资源的相关论述，区分并理解不同的概念；草地资源对于人类、社会发展和生态环境的影响，汇总草地资源的价值；草业系统的 3 个界面和 4 个生产层相关知识，加强对草业系统的理解。

## 任务总结

______________________________________________________________

______________________________________________________________。

## 任务检测

请扫码答题。

任务检测（上）　任务检测（下）

# 任务二 探究草地成因

## 任务导入

认识、利用、改造草地，很重要的基础是了解草地成因。了解一定空间草地与形成因素及发生发展过程存在怎样的因果关系，对于研究草地类型的划分、了解草地分布规律、认识草地发展演替规律、制定草地利用与保护策略等，具有不可忽视的指导意义。

请认真观察所处区域草地的气候、地形、土壤、植物、动物、微生物及人类活动等状况，并通过网络、书籍及走访区域草地行政管理部门等方式搜集相关信息，填写草地成因调查分析表，综合分析区域草地成因。

## 任务工单

班级＿＿＿＿＿＿ 姓名＿＿＿＿＿＿ 学号＿＿＿＿＿＿

| 任务名称 | 探究草地成因 |
|---|---|
| 任务描述 | 根据实际情况，填写本任务的内容、目的、流程和方法。<br>任务内容：＿＿＿＿＿＿＿＿＿＿＿＿＿＿＿＿。<br>任务目的：＿＿＿＿＿＿＿＿＿＿＿＿＿＿＿＿。<br>任务流程：＿＿＿＿＿＿＿＿＿＿＿＿＿＿＿＿。<br>任务方法：＿＿＿＿＿＿＿＿＿＿＿＿＿＿＿＿。 |
| 获取信息 | 要完成任务，需要掌握相关的知识。请收集资料，回答以下问题。<br>1. 什么是原生草地与次生草地，二者有何区别？<br><br>2. 如何区分显域性草地与隐域性草地？<br><br>3. 草地形成、发展和演替的影响因素有哪些？<br><br>4. 地形是如何对区域水热进行再分配的？<br><br>5. 影响原生草地、次生草地形成的决定因素分别是什么？ |

（续表）

<table>
<tr><td>制订计划</td><td colspan="6">制订完成本任务的工作计划。</td></tr>
<tr><td rowspan="6">任务实施</td><td colspan="6">按照预先制订的工作计划，完成本任务，并记录任务实施过程。</td></tr>
<tr><td>序号</td><td colspan="2">完成的任务</td><td>遇到的问题</td><td colspan="2">解决办法</td></tr>
<tr><td></td><td colspan="2"></td><td></td><td colspan="2"></td></tr>
<tr><td></td><td colspan="2"></td><td></td><td colspan="2"></td></tr>
<tr><td></td><td colspan="2"></td><td></td><td colspan="2"></td></tr>
<tr><td></td><td colspan="2"></td><td></td><td colspan="2"></td></tr>
<tr><td rowspan="12">任务评价</td><td colspan="6">评价表</td></tr>
<tr><td>项目</td><td>评价内容</td><td>分值</td><td>自评</td><td>互评</td><td>师评</td></tr>
<tr><td rowspan="5">知识技能</td><td>搜集区域草地气候、土壤、动植物资源及草地利用与保护相关信息</td><td>15</td><td></td><td></td><td></td></tr>
<tr><td>正确判定区域草地所处气候带、地形地貌、土壤质地</td><td>10</td><td></td><td></td><td></td></tr>
<tr><td>调查区域草地植物、动物、微生物情况</td><td>10</td><td></td><td></td><td></td></tr>
<tr><td>调查区域草地人类活动情况</td><td>10</td><td></td><td></td><td></td></tr>
<tr><td>综合分析各类因素对区域草地形成、发展和演替的影响</td><td>15</td><td></td><td></td><td></td></tr>
<tr><td>任务进度</td><td>提前完成 10 分；正常完成 7～9 分；超时完成 3～6 分；未完成 0～2 分</td><td>10</td><td></td><td></td><td></td></tr>
<tr><td>任务质量</td><td>整体效果很好为 10 分；较好为 7～9 分；一般为 3～6 分；较差为 0～2 分</td><td>10</td><td></td><td></td><td></td></tr>
<tr><td>素养表现</td><td>提升信息采集、甄别、处理能力，辩证思维</td><td>10</td><td></td><td></td><td></td></tr>
<tr><td>思政表现</td><td>有系统观念、全局意识，可持续发展理念</td><td>10</td><td></td><td></td><td></td></tr>
</table>

## 任务准备

### • 知识准备

#### 一、相关概念

**1. 原生草地**

原生草地是指在一定空间固有的无机和生物环境因素影响下形成的草地。

**2. 次生草地**

次生草地是原生草地的演变，是外力改变了固有的立地条件，使以水、热为中心的植物生活要素有了质的变化，或者植被组成结构发生了质的变化，从而改变或者破坏了原生草地，形成了新的草地，即次生草地。

通常，这种外力主要是人为干预的结果。例如，极度放牧利用，火灾焚烧，对干旱、半干旱草地的灌溉，长期围栏封育、补播大量新的草种改变了种群结构，以及翻耕重新种植成人工草地等。

**3. 显域性草地**

显域性草地是指受地带性气候影响而形成的，具有相应地带性分布的草地。

**4. 隐域性草地**

隐域性草地是指在气候带内，由于地形、土壤、水文条件的变化，局部地区出现了不同于地带性气候决定的水热，特别是水分条件，从而形成不同于地带性草地的特殊草地。例如，在荒漠气候带内，由于河道沿岸、湖滨、冲积扇缘潜水溢出带，受到地下水的补给，丰富了土壤水分条件，从而在荒漠气候带内形成了隐域性的低地草甸草地。

#### 二、草地的形成、发展与演替

草地的形成与草地的发展、草地的演替这三者之间有着密切的联系。但草地形成、发展、演替是三个不同的概念。草地的形成是基本的，从裸地到稳定的植物群落和群落环境发生，形成原生草地，经历了一个演变发展的长河；草地形成以后，绝不是静止的，在各种因素影响下，继续处于不断变化发展之中，但是这种发展有一个量变到质变的过程，有一个波动变化和恒定变化的区别，只有恒定的变化引起草地的质变，从一种草地类型发展为另一种草地类型，才属于演替的范畴。而且严格说来，人为干预下发生的次生草地往往不是在生态系统基础上规律性的演替。

知识链接 1-2-1

草地成因的不同学说

## 三、影响草地形成、发展、演替的因素

### （一）非生物环境因素

知识链接 1-2-2

伊万诺夫湿润度

#### 1. 气候条件

光、水、二氧化碳是形成碳水化合物的基本条件，太阳辐射还是环境中热的主要来源，水则是维持生命活动的基本需要。因此，作为气候条件基本指标的水热因素是生物存在的基础，决定着植被和土壤的发育，决定着草地的形成，决定着水－草－土－畜草地资源系统的性质。

水热状况在地球上的分布，在不同的地理部位，由于阳光的入射角和距离海洋远近的不同而产生明显变化，从广域范围决定了不同草地的发生。所以，以水热为主导的气候条件决定了草地的性质、分布，在草地形成中起主导作用。

#### 2. 土壤条件

土壤是草地植被着生的基础，它提供了植物扎根固定的场所，是植物必需的水、肥、气的供应库与贮藏库，也是植物与无机环境之间进行物质与能量转换的主要场所。植物与土壤的关系十分密切，它们共同构成一定的生态关系。

气候因素决定着地带性植被与土壤的形成分布，而在相同的气候地带内，土壤的理化性状对水热再分配起着主导作用，成为决定植被分布的主要因素，尤其在气候严酷的干旱荒漠、寒冷高山地区，土壤理化性状的作用更为突出。

#### 3. 地形条件

地形条件是间接生态因子，但是在草地形成中也起着重要作用。巨大地形影响大气环流，改变区域气候，导致水热状况变化。例如，喜马拉雅山的隆起，阻挡了印度洋湿润气流进入新疆，使新疆发育了大面积的荒漠草地。中等地形的变化，包括山地、平原，河谷的部位、坡向、坡度、坡面等的不同，也会造成水热条件再分配，从而影响草地的形成与发展。例如，山地森林带，阴坡分布森林，阳坡分布草地。

### （二）生物因素

#### 1. 植物在草地形成中的主体作用

知识链接 1-2-3

陆生群落与水生群落的演替

知识链接 1-2-4

草原的放牧演替

植物是草地的具体组成者，集中反映非生物环境的作用，又能影响和改造环境。它阻挡着大部分的太阳辐射，缩小极端温度的变化；通过光合作用和呼吸作用，保证空气中氧气和二氧化碳之间最适平衡；可以削弱风，调节空气湿度，防止水土流失，给土壤增加腐殖质等，从而改变草地环境，为自我生存，也间接地为其他生物的生存创造了条件。从生态系统的观念来看，草地植物属于生产者，它决定着草地的生物产量和提供的营养物质能量，即第一性生产力，是草食动物直

接采食的对象，是形成第二性生产力的基础。草地的自然与经济特性，在很大程度上是由植物反映与决定的。有什么样的植物组成结构，就有什么样的草地，所以说植物在草地形成中起主体作用。

**2. 动物在草地形成中的作用**

动物是草地生态系统重要组成部分，是伴随着草地的发生发展而存在的。动物在草地生态系统中属于消费者。消费的选择性与强度对草地植物的自然生长发育与竞争有着重要的影响；否则，植物残体的过度积累将会影响植物的再生生长，对草地的发展不利。当然，过度的消费肯定会造成植物养分积累不足，生命力衰退，最终改变草地植物群落的组成，使草地发生演替。另外，动物排泄物和残体是草地营养循环的物质基础，也会影响草地。但无论是动物消费或是动物破坏所引起的草地的性质变异，形成新的草地，主要反映在草地的次生过程中。

**3. 微生物在草地形成中的作用**

微生物对草地植物有多方面的影响，如固氮作用、病害感染等。而最主要的作用是在草地生态系统中担任分解者的角色，完成物质循环的过程。如果没有微生物的作用，由植物合成的有机物，在经过动物、植物生活利用后形成的枯枝落叶、排泄物、残体等，将堆积于地面；而供给植物合成有机物的无机盐类，又将因得不到补充或者处于不能被利用的状态而枯竭，物质循环中断，整个世界的生命将面临死亡威胁。

### （三）人类活动因素

自从人类诞生以来，脱离人类活动的影响而绝对自然发生的草地逐渐减少，随着世界人口数量的不断增长，人类活动的范围不断扩大，已经很少有不受人类活动影响的草地。

人类的活动对原生草地的影响体现在草地的量变方面，使植物生长发育强度、生产力水平和组成结构产生局部变化。例如，人为的过牧而引起的草地产量的下降。

人类活动对次生草地的形成是起主要作用。例如，过牧引起的草地量变的结果，到一定程度将发生质变，使草地的建群层片、建群种发生改变，一个过牧的草地类型灭亡，代替的是一个退化演替发生的新类型。

人类开荒造田、伐薪取暖、超载过牧、乱挖药材等活动，会引起草地向恶性方向发展，而围栏封育、补播、合理灌溉等活动则可促进草地向良性方向演变。

## 四、草地成因的总体分析

原生草地的形成主要是受非生物环境因素和生物因素影响，特别是以气候为决定因素、植物为核心因素作用的结果。而次生草地的形成，人类生产经营活动往往起着决定性作用。

在分析草地成因的时候，要把原生草地与次生草地，草地形成和演替、发生和发展区别开来。同时也始终不能忘记，草地的形成、发展、演替，都是受着综合因素的影响，而不能在强调一些主导因素作用时忽视了其他因素的存在。在草地资源调查监测过程中，要重视研究，搞清调查区域草地形成和发展的具体条件与特点，从而为行政管理部门在草地的保护修复、开发利用等方面提供决策依据。

- **材料准备**

草地成因调查分析表。

- **工具准备**

GNSS 定位仪、手机（平板或电脑）、照相机、罗盘仪、坡度仪、笔记本、签字笔等。

- **人员准备**

**任务分工**

| 任务角色 | 任务内容 |
|---|---|
| 组长： | 任务：组织小组成员讨论草地成因调查相关项目的理论知识、分配工作任务，督促完成任务，组织讨论分析区域草地成因。 |
| 组员 1： | 任务：参与讨论，搜集区域草地气候、土壤、动植物资源及草地利用与保护相关信息。 |
| 组员 2： | 任务：参与讨论，协同小组成员判定区域草地所处气候带、地形地貌、土壤质地等。 |
| 组员 3： | 任务：参与讨论，调查区域草地植物、动物、微生物情况。 |
| 组员 4： | 任务：参与讨论，调查草地人类活动情况。 |

## 任务筹划

完成探究草地成因工作任务，需要筹划以下 4 个方面的事项。

（1）必须准确理解原生草地、次生草地、显域性草地、隐域性草地的概念，才能保证草地成因分析的正确性。

（2）搜集区域草地气候、土壤、动植物资源及草地利用与保护相关信息，要注意甄别信息的正确性，还要对信息进行分析处理。

（3）现场判定地形地貌、土壤质地、植物群落等项目时，要准确理解各调查项目内容及判定标准。

（4）综合分析各类因素对草地形成、发展和演替的影响时要考虑整体性、动态性、复杂性、多元性等，不能用单一、唯一的因素解释草地成因，但也要分清影响因素的主次关系。

## 任务实施

步骤一：搜集并判定区域草地气候、土壤、地形等非生物环境情况；调查区域草地植物、动物、微生物基本情况；调查区域草地上的人类活动情况。

步骤二：通过小组讨论方式综合分析各类因素对区域草地形成、发展和演替的影响。

草地成因调查分析表

## 任务总结

________________________________________________________________

________________________________________________________________

________________________________________________________________

________________________________________________________________

________________________________________________________________。

## 任务检测

请扫码答题。

任务检测（上）　任务检测（下）

# 任务三　了解草地调查监测工作

## 任务导入

草地资源是人类从事草业生产最基本的生产资料，也是自然生态环境的重要维护者。为合理开发利用草地资源，发挥其生产潜力，首先必须对草地资源特性以及草业生产条件有详尽的调查，并据此制定正确的发展方针和开发利用措施；由于草地资源本身以及草业生产条件都在不断变化之中，不是一次调查就能长期应用，应该定期或者根据需要进行监测，以便了解一定时期的现状和发展动态，据此对利用措施等进行必要的调整，从而有效保护草地资源，促进草业生产持续、稳定、高效地发展。

请认真理解并区分草地调查、草地监测的概念，深入了解草地调查与草地监测的具体内容，熟悉草地调查与草地监测工作流程。

## 任务工单

班级＿＿＿＿＿＿＿＿　姓名＿＿＿＿＿＿＿＿　学号＿＿＿＿＿＿＿＿

<table>
<tr><td>任务名称</td><td colspan="4">了解草地调查监测工作</td></tr>
<tr><td>任务描述</td><td colspan="4">根据实际情况，填写本任务的内容、目的、流程和方法。<br>任务内容：＿＿＿＿＿＿＿＿＿＿＿＿＿＿＿＿＿＿＿＿＿＿＿＿<br>＿＿＿＿＿＿＿＿＿＿＿＿＿＿＿＿＿＿＿＿＿＿＿＿＿＿＿＿。<br>任务目的：＿＿＿＿＿＿＿＿＿＿＿＿＿＿＿＿＿＿＿＿＿＿＿＿<br>＿＿＿＿＿＿＿＿＿＿＿＿＿＿＿＿＿＿＿＿＿＿＿＿＿＿＿＿。<br>任务流程：＿＿＿＿＿＿＿＿＿＿＿＿＿＿＿＿＿＿＿＿＿＿＿＿<br>＿＿＿＿＿＿＿＿＿＿＿＿＿＿＿＿＿＿＿＿＿＿＿＿＿＿＿＿。<br>任务方法：＿＿＿＿＿＿＿＿＿＿＿＿＿＿＿＿＿＿＿＿＿＿＿＿<br>＿＿＿＿＿＿＿＿＿＿＿＿＿＿＿＿＿＿＿＿＿＿＿＿＿＿＿＿。</td></tr>
<tr><td>获取信息</td><td colspan="4">要完成任务，需要掌握相关的知识。请收集资料，回答以下问题。<br>1. 什么是草地调查？什么是草地监测？<br><br>2. 草地调查工作主要是调查哪些内容？<br><br>3. 草地调查有怎样的工作流程？<br><br>4. 草地监测工作主要是监测哪些内容？<br><br>5. 草地监测有怎样的工作流程？</td></tr>
<tr><td>制订计划</td><td colspan="4">制订完成本任务的工作计划。</td></tr>
<tr><td rowspan="6">任务实施</td><td colspan="4">按照预先制订的工作计划，完成本任务，并记录任务实施过程。</td></tr>
<tr><td>序号</td><td>完成的任务</td><td>遇到的问题</td><td>解决办法</td></tr>
<tr><td></td><td></td><td></td><td></td></tr>
<tr><td></td><td></td><td></td><td></td></tr>
<tr><td></td><td></td><td></td><td></td></tr>
<tr><td></td><td></td><td></td><td></td></tr>
</table>

（续表）

| 任务评价 | 评价表 | | | | | |
|---|---|---|---|---|---|---|
| | 项目 | 评价内容 | 分值 | 自评 | 互评 | 师评 |
| | 知识技能 | 复述并区分草地调查与草地监测的概念 | 5 | | | |
| | | 细究草地调查并搜集具体工作内容 | 15 | | | |
| | | 复述草地调查工作流程 | 5 | | | |
| | | 细究草地监测并搜集具体工作内容 | 15 | | | |
| | | 复述草地监测工作流程 | 5 | | | |
| | | 查询并搜集整理出草地调查监测工作中 3S 技术的应用案例 | 20 | | | |
| | 任务进度 | 提前完成 10 分；正常完成 7～9 分；超时完成 3～6 分；未完成 0～2 分 | 10 | | | |
| | 任务质量 | 整体效果很好为 10 分；较好为 7～9 分；一般为 3～6 分；较差为 0～2 分 | 10 | | | |
| | 素养表现 | 提升信息搜集、甄别、汇总能力，提高自主学习能力 | 10 | | | |
| | 思政表现 | 感受科技创新力量，立志服务于草业 | 5 | | | |

## 任务准备

### • 知识准备

### 一、草地调查监测的概念

#### 1. 草地调查

草地调查是用一定的科学技术手段对草地资源进行周密细致的调查研究，认识一定空间的环境、社会生产条件以及在这些条件下形成的草地总面积、草地类型及面积、草地质量分级及面积、生产力特征、地域分布和演替规律。同时搞清调查地区的水土和其他生物资源、社会生产力结构以及发展历史和现状、取得的经验教训和存在问题以及解决问题的方法和对策，为草地畜牧业的可持续发展和草地生态环境的良性循环提供系统的完整的资料。

#### 2. 草地监测

草地监测是在掌握了草地资源调查结果的基础上，利用地面监测结合空间遥感手段，运用计算机网络、地理信息系统等数据管理、运算和分析技术，对草地监测信息进行获取、管理、处理和分析，获得草地空间分布和变化规律，以及气候、人为等因素对草地状况的影响，预测草地未来发展演化的趋势，为草地的持续利用及健康发展提供指导，评价草地管理措施及其作用。

知识链接1-3-1

草地调查与草地监测之对比

目前，国家已将对全国草地资源、生态、植被、生产力、利用状况、灾害状况和工程建设效果等进行的监测分析，纳入全国草地监测范畴，草地监测在内容及类别方面覆盖并超出了草地调查，且频率也远高于草地调查。

## 二、草地调查

### （一）草地调查内容

**1. 社会情况**

包括草地经营、人口、劳动力、经济政策等情况。

**2. 自然环境条件**

包括气候、土壤、地形、水文和水文地质（水源种类、分布、水量、水文等）和农、林、牧业生产的环境条件和土地利用情况。

**3. 植被调查**

包括植物群落的组成、特征、演替趋势，以及优良牧草和有毒、有害植物的种类、分布与数量等。

**4. 家畜和野生动物**

包括野生动物的种类、数量、分布、经济价值；家畜的数量、种类、生产性能和畜产品生产能力，以及历史发展与现状。

**5. 草地生产现状**

包括区域草地水、草、土资源利用现状；草地基本建设和生产水平，农林牧结合，粮草料生产现状及其历史动态；林业、工业生产情况；机械化水平，拥有的农机具、运输工具的种类与数量，农牧业生产的机械化程度；草地基本建设情况，包括现有的居民点、畜圈、生产点、交通牧道建设，适应生产需要的程度；生产单位经济状况，收入、支出情况，消长变化动态；牧民文化教育和生活福利情况；草地生产中存在的关键问题和发展设想。

知识链接1-3-2

我国草地资源调查的进展与成就

**6. 草地类型的确定**

根据调查监测资料对草地类型加以确定、划分，测定产草量，并做出简明描述，明确其在草地畜牧业中的基本特性。

### （二）草地调查工作流程

**1. 资料准备**

为了保证野外工作的顺利进行，调查前需要了解区域草地自然条件、社会经济、畜牧业生产情况，以及获取气象、灾情等资料。

**2. 调查工具准备**

包括采样工具、称重工具、位置尺寸测定工具、土壤理化性质测定仪器、影像采集工具、数据存储和处理设备等的准备。

**3. 制订调查计划**

确定具体调查内容、调查日程、调查人员及工作方法、要求达到的精度和预期的成果，编制调查表格，确定调查路线与交通线路。

**4. 人员组织和培训**

考虑专业、技术、交通、野外作业等多方面的需求，合理配置调查人员。针对区域草地植物、动物辨别、鉴定，路线的设置、样地和样方的选择，测定、登记等主要内容进行实地的培训。

**5. 访问调查**

与有实践经验的干部和群众座谈，或者发放调查表进行访问，了解区域草地生产利用情况。

**6. 野外调查测定**

根据确定的路线或样地，针对不同的调查内容，按期进行野外的观察、测定和描述。

**7. 数据汇总、分析或上报**

包括外出调查、测定数据的整理，表格、资料的汇总、分析，各种图件的编制，调查报告的编写。调查工作范围较大时，需要分层次地组织实施，低层次的调查数据需要逐级上报，汇总后统一进行处理、分析。

知识链接 1-3-3

草地资源调查的类型

## 三、草地监测

### （一）草地监测的内容

**1. 小时间尺度监测**

草地监测工作中，把周期小于 1 年的草地监测定义为小的时间尺度监测。

（1）实时或准实时监测。包括草地火情监测、草地雪情监测。

（2）周期监测。包括草地植被状况季节动态监测、草地鼠害、虫害发生期监测。

**2. 中时间尺度监测**

中时间尺度监测以草地资源年际变化为目标，周期为 1～5 年。包括草地生产力监测、草地保护与建设工程监测、草地退化、沙化、盐渍化监测。

**3. 大时间尺度监测**

大时间尺度监测周期大于 5 年。就目前而言，主要是对草地类型及面积变化的监测。

### （二）草地监测工作流程

#### 1. 信息获取

主要是获取本底数据、动态信息，并将属性数据标准化、图件数字化。

知识链接 1-3-4

草地监测技术路线

#### 2. 信息管理

主要是数据库的管理，包括输入动态监测信息及时更新数据库。

#### 3. 信息处理与分析

包括遥感图像处理、数据复合、模型构建与运算、空间分析等。

## • 工具准备

手机、电脑、相关书籍、记录本、签字笔等。

## • 人员准备

**任务分工**

| 任务角色 | 任务内容 |
|---|---|
| 组长： | 任务：组织小组成员讨论相关草地调查与监测概念、工作内容及工作流程、分配工作任务，督促完成任务，汇总知识点并组织完成知识的迁移学习。 |
| 组员 1： | 任务：通过手机、电脑、纸质书籍等途径搜集草地调查的具体工作内容及测定项目；主持讨论并汇总草地调查工作详细内容。 |
| 组员 2： | 任务：通过手机、电脑、纸质书籍等途径搜集草地监测的具体工作内容及测定项目；主持讨论并汇总草地监测工作详细内容。 |
| 组员 3： | 任务：通过手机、电脑、纸质书籍等途径搜集整理出草地调查监测工作中 3S 技术的应用案例，介绍并主持讨论 3S 技术在草地调查监测工作中的应用。 |
| 组员 4： | 任务：通过手机、电脑、纸质书籍等途径搜集整理出草地调查监测工作中 3S 技术的应用案例，介绍并主持讨论 3S 技术在草地调查监测工作中的应用。 |

## 任务筹划

完成了解草地调查监测工作任务，需要筹划以下 3 个方面的事项。

（1）通过手机、电脑、纸质书籍等途径搜集资料要注意甄别信息的真伪，要对收集到的资料进行分析整理后才能用于讨论交流学习。

（2）收集整理资料时要认真思考相关信息内容，分析信息内容所表达的真正含义，在讨论交流时能够解读其中蕴含的知识内容。

（3）小组成员间要通过路演、讨论等方式完成知识的迁移学习。

## 任务实施

通过手机、电脑、纸质书籍等途径搜集并区分草地调查工作与草地监测工作相关知识。

草地调查工作与草地监测工作对比表

## 任务总结

______________________________________________________________________

______________________________________________________________________

______________________________________________________________________

______________________________________________________________________。

## 任务检测

请扫码答题。

任务检测（上）　　任务检测（下）

# 项目二 识别草地植物

## 项目导读

天然草地植物物种的识别是草地调查监测的重要内容，正确识别草地植物对于判定评价草地的类型、草地的质量、草地健康状况及植物本身的饲用价值等都有基础性的作用。天然草地上植物种类繁多，能够被草食家畜作为食物采食的植物才叫作牧草，草食家畜季节性偶食或不可食的植物称为不可食草，而草地上有毒植物及有害植物统称为毒害草。

本项目从天然草地主要植物分科识别特征入手，通过行动导向“六步法”的操作流程，了解天然草地植物识别的相关知识，熟悉草地植物经济类群的划分，掌握天然草地常见植物的识别要点。

## 知识目标

（1）掌握牧草、不可食草、毒害草的概念。

（2）了解草地植物经济类群的划分及标准。

（3）熟悉草地主要植物科的识别特征。

## 技能目标

（1）能够对草地植物进行植物科的识别。

（2）能够正确识别天然草地常见植物。

（3）能够对草地植物按经济类群进行归类。

## 素养目标

（1）提升个人基本素养。能以积极的态度承担并完成任务，愿意承担一份责任，了解并遵守各种行为规范和操作规范。

（2）提升探究能力。能够细致观察，运用所有官能来关注调查相关的细节。

（3）提升独立思考能力。能积极学习领悟所学内容，独立思考，灵活运用所学知识解决调查中遇到的新问题。

## 思政目标

（1）树立尊重自然、顺应自然、保护自然的生态文明理念，理解生态优先、绿色低碳发展道路。

（2）铸牢中华民族共同体意识，履行维护民族团结义务，增强维护民族团结的责任感。

# 任务一　识别常见可食牧草

## 任务导入

牧草，也称可食牧草，广义上泛指可用于家畜采食的草类植物，包括草本型、藤本型及小灌木、半灌木和灌木等各类型栽培或野生的植物；狭义上仅指可供栽培的专用于饲喂家畜的草本植物，尤其是指蝶形花科牧草和禾本科植物，这两科几乎囊括了所有的栽培牧草。此外，藜科、菊科及其他科也有，但种类极少。

请在某区域天然草地上，认真观察并识别各种可食牧草，并根据相关资料区分其饲用价值等级，填写天然草地可食牧草登记表。

## 任务工单

班级＿＿＿＿＿＿＿＿　姓名＿＿＿＿＿＿＿＿　学号＿＿＿＿＿＿＿＿

| 任务名称 | 识别常见可食牧草 |
|---|---|
| 任务描述 | 根据实际情况，填写本任务的内容、目的、流程和方法。<br>任务内容：＿＿＿＿＿＿＿＿＿＿＿＿＿＿＿＿＿＿＿＿＿＿＿＿。<br>任务目的：＿＿＿＿＿＿＿＿＿＿＿＿＿＿＿＿＿＿＿＿＿＿＿＿。<br>任务流程：＿＿＿＿＿＿＿＿＿＿＿＿＿＿＿＿＿＿＿＿＿＿＿＿。<br>任务方法：＿＿＿＿＿＿＿＿＿＿＿＿＿＿＿＿＿＿＿＿＿＿＿＿。 |
| 获取信息 | 要完成任务，需要掌握相关的知识。请收集资料，回答以下问题。<br>1. 什么是牧草？<br><br>2. 如何区分草地上的禾本科与莎草科牧草？ |

（续表）

<table>
<tr><td rowspan="3">获取信息</td><td colspan="6">3. 蝶形花科与其他科牧草相比，主要通过哪些特征来进行识别？</td></tr>
<tr><td colspan="6">4. 如何区分菊科与蔷薇科牧草？</td></tr>
<tr><td colspan="6">5. 请列举出 20 种以上天然草地上的常见优良牧草名称。</td></tr>
<tr><td>制订计划</td><td colspan="6">制订完成本任务的工作计划。</td></tr>
<tr><td rowspan="6">任务实施</td><td colspan="6">按照预先制订的工作计划，完成本任务，并记录任务实施过程。</td></tr>
<tr><td>序号</td><td>完成的任务</td><td colspan="2">遇到的问题</td><td colspan="2">解决办法</td></tr>
<tr><td></td><td></td><td colspan="2"></td><td colspan="2"></td></tr>
<tr><td></td><td></td><td colspan="2"></td><td colspan="2"></td></tr>
<tr><td></td><td></td><td colspan="2"></td><td colspan="2"></td></tr>
<tr><td></td><td></td><td colspan="2"></td><td colspan="2"></td></tr>
<tr><td rowspan="8">任务评价</td><td colspan="6">评价表</td></tr>
<tr><td>项目</td><td>评价内容</td><td>分值</td><td>自评</td><td>互评</td><td>师评</td></tr>
<tr><td rowspan="4">知识技能</td><td>对比牧草标本各细节，说明禾本科、莎草科牧草的区别</td><td>15</td><td></td><td></td><td></td></tr>
<tr><td>对比牧草标本各细节，说明蝶形花科、菊科、蔷薇科牧草的主要识别特征</td><td>15</td><td></td><td></td><td></td></tr>
<tr><td>在草地样方中识别出所有优等、良等牧草并确定其牧草种名</td><td>15</td><td></td><td></td><td></td></tr>
<tr><td>在草地样方中识别出所有中等、低等、劣等牧草并确定其牧草种名</td><td>15</td><td></td><td></td><td></td></tr>
<tr><td>任务进度</td><td>提前完成 10 分；正常完成 7～9 分；超时完成 3～6 分；未完成 0～2 分</td><td>10</td><td></td><td></td><td></td></tr>
<tr><td>任务质量</td><td>整体效果很好为 10 分；较好为 7～9 分；一般为 3～6 分；较差为 0～2 分</td><td>10</td><td></td><td></td><td></td></tr>
</table>

（续表）

| 任务评价 | 评价表 | | | | | |
|---|---|---|---|---|---|---|
| | 项目 | 评价内容 | 分值 | 自评 | 互评 | 师评 |
| | 素养表现 | 主动承担任务，观察认真细致，有效利用各类资源，积极提升探究能力 | 10 | | | |
| | 思政表现 | 树立习近平生态文明思想，有保护自然意识，注重民族团结，尊重少数民族牧民群众 | 10 | | | |

## 任务准备

- **知识准备**

### 一、主要草地植物科的识别

**1. 禾本科**

知识链接 2-1-1

青海省天然草地常见禾本科牧草

（1）草本（少数木本），秆（地上茎）为圆筒形。秆有显著的节和节间，节间多中空，很少实心。

（2）单叶互生，2 列，每叶分叶鞘、叶片和叶舌 3 部分；叶鞘包着秆，叶鞘常在一边开裂；叶片带形或线形至披针形，具平行脉；叶舌生于叶片与叶鞘交接处的内侧，膜质、一圈毛、撕裂或完全退化；叶鞘基部两侧常具叶耳，叶舌和叶耳的形状常用作区别禾草的重要特征。

（3）花序是以小穗为基本单位，在穗轴上再排成穗状、指状、总状或圆锥状；小穗基部常有 1 对内外颖片，小穗轴上生有 1 至多数小花，小花外有内稃和外稃，外稃顶端或背部具芒或否，一般较厚而硬；内稃常具 2 隆起如脊的脉，并常为外稃所包裹，浆片、雄蕊和雌蕊组成小花；雄蕊通常 3 枚，很少 1、2、4 或 6 枚，花丝细长，花药丁字形着生，可摇动；雌蕊 1，由 2～3 心皮构成，子房上位，1 室，1 胚珠，花柱 2 个，很少 1 或 3 个；柱头常为羽毛状或刷帚状。

（4）果皮常与种皮密接，呈颖果，或稀为胞果、浆果等。

**2. 莎草科**

知识链接 2-1-2

青海省天然草地常见莎草科牧草

（1）多年生草本，较少为 1 年生；多数具根状茎少数兼具块茎。大多数具有三棱形的秆，实心，无节。

（2）叶基生和秆生，一般具闭合的叶鞘和狭长的叶片，叶 3 列，或有时仅有鞘而无叶片。

（3）花序多种多样，有穗状花序、总状花序、圆锥花序、头状花序或长侧枝聚伞花序；小穗单生，簇生或排列成穗状或头状，具 2 至多数花，或退化至仅具 1 花；花两性或单性，雌雄同株，少有雌雄异株，着生于鳞片（颖片）腋间，鳞片复瓦状螺旋排列或 2 列，无花被或花被退化成下位鳞片或下位刚毛，有时雌花为先出叶所形成的果囊所包裹；雄蕊 3 个，少有 1～2 个，花丝线形，花药底着；子房 1 室，具 1 个胚珠，花柱单一，柱头 2～3 个。

（4）小坚果，三棱形，双凸状，平凸状，或球形。

**3. 蝶形花科**

（1）草本、木本或藤本，直立或攀援。

（2）叶通常为互生（稀对生），常为一回或多回羽状复叶，少数为掌状复叶或三出复叶、单小叶，或单叶。

（3）花两性，稀单性，辐射对称或两侧对称，通常排成总状花序、聚伞花序、穗状花序、头状花序或圆锥花序；蝶形花冠，花萼 5 裂，具萼筒；花瓣 5 片，为下降的覆瓦状排列，最上 1 片为旗瓣，侧面 2 片为翼瓣，最下 2 片常连合为龙骨瓣，遮盖住雄蕊和雌蕊；雄蕊通常 10 枚，分离或连合成管，单体或二体雄蕊。

知识链接 2-1-3

青海省天然草地常见蝶形花科牧草

（4）荚果，形状多种，成熟后沿缝线开裂或不裂，或断裂成含单粒种子的荚节。

**4. 菊科**

（1）草本、亚灌木或灌木，稀为乔木。

（2）单叶，互生，无托叶，或有时叶柄基部扩大成托叶状。

（3）花两性或单性，极少有单性异株，整齐或左右对称，五基数，头状花序，为 1 层或多层总苞片组成的总苞所围绕；合瓣花冠，花冠筒状或舌状；聚药雄蕊；子房下位，1 室，1 胚珠。

知识链接 2-1-4

青海省天然草地常见菊科牧草

（4）连萼瘦果，萼多变成冠毛。

**5. 蔷薇科**

（1）草本、灌木或乔木，落叶或常绿，有刺或无刺。

（2）叶互生，稀对生，单叶或复叶，有显明托叶，稀无托叶。

（3）花两性，整齐；花轴上端发育成碟状、钟状、杯状或圆筒状的花托，花部 5 基数；花被与雄蕊常结合成花筒。

（4）果实为蓇葖果、瘦果、梨果或核果，稀蒴果。

## 二、天然草地常见可食牧草

天然草地可食牧草按其饲用价值可分为优等牧草、良等牧草、中等牧草、低等牧草、劣等牧草共 5 类牧草。

**1. 优等牧草**

我国天然草地常见优等牧草如下。

（1）蝶形花科：红三叶、白三叶、山野豌豆。

知识链接 2-1-5

青海省天然草地常见可食杂类草

（2）禾本科：高山早熟禾、细叶早熟禾、早熟禾、渐狭早熟禾、疏花早熟禾、羊茅状早熟禾、草地早熟禾、新疆早熟禾、散穗早熟禾、西藏早熟禾、阿拉套羊茅、寒生羊茅、三界羊茅、微药羊茅、羊茅、穗状寒生羊茅、紫羊茅、沟羊茅、冰草、沙生冰草、蒙古冰草、布顿大麦草、地毯草、巨序剪股颖、川滇剪股颖、羊草、披碱草、垂穗披碱草、雀稗、无芒雀麦、潜草、鸭茅、藨草、无芒隐子草、糙隐子草、中华隐子草、多叶隐子草。

（3）菊科：博洛塔绢蒿、纤细绢蒿、新疆绢蒿、高山绢蒿、沙漠绢蒿、白茎绢蒿、伊犁绢蒿、冷蒿。

（4）苋科：木地肤。

（5）蓼科：圆穗蓼、珠芽蓼。

**2. 良等牧草**

我国天然草地常见良等牧草如下。

（1）百合科：碱韭。

（2）蝶形花科：达乌里胡枝子、尖叶胡枝子、山竹岩黄耆。

（3）禾本科：短芒大麦草、细株短柄草、阿拉善鹅观草、垂穗鹅观草、狗牙根、青海固沙草、知风草、黑穗画眉草、画眉草、碱茅、裸花碱茅、星星草、结缕草、竹节草、苌草、矛叶苌草、白羊草、多枝赖草、大赖草、赖草、寡穗茅、鼠尾粟、双花草、猬草、蜈蚣草、假俭草、马陆草、细柄草、鸭嘴草、田间鸭嘴草、纤毛鸭嘴草、毛稃偃麦草、穗序野古草、野青茅、糙野青茅、藏异燕麦、硬质早熟禾、贝加尔针茅、短花针茅、长芒草、丝颖针茅、针茅、镰芒针茅、沙生针茅、戈壁针茅、大针茅、小针茅、克氏针茅、东方针茅、疏花针茅、甘青针茅、紫花针茅、昆仑针茅、新疆针茅、座花针茅、天山针茅。

（4）菊科：米蒿、华北米蒿、白沙蒿、旱蒿、蓍状亚菊、新疆亚菊、束伞亚菊。

（5）莎草科：华扁穗草、裸果扁穗薹草、嵩草、线叶嵩草、禾叶嵩草、矮生嵩草、甘肃嵩草、藏北嵩草、大花嵩草、高山嵩草、粗壮嵩草、四川嵩草、窄果嵩草、西藏嵩草、北方嵩草、葱岭薹草、窄果薹草、黑褐薹草、白克薹草、林芝薹草、红棕薹草、寸草苔、无脉薹草、毛囊薹草、毛果薹草、草原薹草、黑花薹草、白尖薹草、糙喙薹草、细果薹草、亚柄薹草、短柱薹草。

**3. 中等牧草**

我国天然草地常见中等牧草如下。

（1）柽柳科：五柱红砂、红砂。

（2）唇形科：百里香。

（3）蝶形花科：胀果甘草、牛枝子、柠条锦鸡儿、小叶锦鸡儿、藏锦鸡儿、垫状锦鸡儿、疏叶骆驼刺。

（4）禾本科：白茅、扁芒草、草沙蚕、大油芒、拂子茅、大拂子茅、假苇拂子茅、光高粱、固沙草、旱茅、高山黄花茅、白健杆、棕茅、四脉金茅、金茅、黄茅、芨芨草、苞子草、小菅草、黄背草、臭根子草、中亚白草、类芦、红裂稃草、芦苇、五节芒、荻、芒、拟金茅、扁穗牛鞭草、牛鞭草、三角草、华三芒草、藏布三芒草、沙鞭、铺地黍、水蔗草、湖北三毛草、狭叶甜茅、硬秆子草、中亚细柄茅、青香茅、橘草、须芒草、密序野古草、野古草、刺芒野古草、大叶章、银穗草、刚莠竹、鹧鸪草、羽柱针茅。

（5）菊科：差巴嘎蒿、褐沙蒿、裂叶蒿、油蒿、猪毛蒿、沙蒿、牛尾蒿、冻原白蒿、川藏蒿、藏龙蒿、藏沙蒿、日喀则蒿、藏白蒿、准噶尔沙蒿、线叶菊、灌木亚菊、女蒿、臭蚤草。

（6）蓼科：叉分蓼、长梗蓼、尼泊尔蓼、多穗蓼、沙拐枣。

（7）蔷薇科：二裂委陵菜。

（8）莎草科：阿穆尔莎草、羊胡子薹草、芒尖薹草、异穗薹草、凸脉薹草、青藏薹草、木里薹草、脚薹草、漂筏薹草、瘤囊薹草、柄囊薹草、尖叶薹草。

（9）苋科：叉毛蓬、无叶假木贼、短叶假木贼、角果藜、梭梭、垫状驼绒藜、驼绒藜、小蓬。

**4. 低等牧草**

我国天然草地常见低等牧草如下。

（1）半日花科：半日花。

（2）报春花科：草原老鹳草。

（3）柽柳科：柽柳、多枝柽柳。

（4）蝶形花科：苦豆子、蓝花棘豆。

（5）禾本科：发草、獐毛。

（6）蒺藜科：白刺、小果白刺、泡泡刺、油柴、霸王。

（7）夹竹桃科：大叶白麻。

（8）菊科：蒙古短舌菊、星毛短舌菊、高山凤毛菊、紫苞凤毛菊、银蒿、山蒿、蒙古蒿、灰苞蒿、铁杆蒿、细裂叶莲蒿、旋叶香青、木根香青、栉叶蒿、灌木紫菀木、灰枝紫菀。

（9）蔷薇科：高山地榆、地榆、绵刺、蒙古扁桃、星毛委陵菜、西南委陵菜、高原委陵菜、菊叶委陵菜、阿尔泰羽衣草、西伯利亚羽衣草、天山羽衣草。

（10）莎草科：灰脉薹草、灰化薹草、乌拉薹草。

（11）苋科：合头藜、木碱蓬、碱蓬、囊果碱蓬、盐地碱蓬、盐节木、盐穗木、尖叶盐爪爪、盐爪爪、圆叶盐爪爪、黄毛头盐爪爪、细枝盐爪爪、木本猪毛菜、天山猪毛菜、松叶猪毛菜、东方猪毛菜、珍珠猪毛菜。

（12）旋花科：鹰爪柴、刺旋花。

（13）鸢尾科：大苞鸢尾、弯叶鸢尾、马蔺、天山鸢尾、紫花鸢尾。

**5. 劣等牧草**

我国天然草地常见劣等牧草如下。

（1）报春花科：粗糙点地梅。

（2）唇形科：山地糙苏、草原糙苏。

（3）灯心草科：走茎灯心草。

（4）蝶形花科：劲直黄芪、沙冬青。

（5）茄科：黑果枸杞。

（6）菊科：花花柴、大叶囊吾、飞机草、紫茎泽兰。

（7）蓼科：草血竭。

（8）萝藦科：牛心朴子。

（9）麻黄科：草麻黄。

（10）毛茛科：白喉乌头。

（11）蔷薇科：黄总花。

（12）莎草科：针蔺、双柱头藨草、藨草、荆三棱。

（13）十字花科：高原芥。

（14）水麦冬科：水麦冬。

（15）香蒲科：东方香蒲。

（16）帚灯草科：薄果草。

- **材料准备**

天然草地可食牧草登记表、天然草地植物识别图谱、植物分类检索表、植物识别 APP。

- **工具准备**

GNSS 定位仪、罗盘仪、照相机（手机）、采集杖，标本夹、样方框、钢卷尺、套装生物解剖器、放大镜、A4 板夹、铅笔、记号笔、交通工具等。

- **人员准备**

**任务分工**

| 任务角色 | 任务内容 |
| --- | --- |
| 组长： | 任务：组织小组成员在天然草地上采集植物标本，识别各类牧草，确定其饲用价值等级，填写天然草地可食牧草登记表。 |
| 组员 1： | 任务：天然草地上采集植物标本，识别各禾本科牧草，确定其饲用价值等级。 |
| 组员 2： | 任务：天然草地上采集植物标本，识别各莎草科牧草，确定其饲用价值等级。 |
| 组员 3： | 任务：天然草地上采集植物标本，识别各蝶形花科牧草，确定其饲用价值等级。 |
| 组员 4： | 任务：天然草地上采集植物标本，识别其他科牧草，确定其饲用价值等级。 |

## 任务筹划

完成天然草地牧草识别工作，需要筹划以下 4 个方面的事项。

（1）熟悉草地主要植物科的基本特征，能够确定草地大多数植物科的归属。

（2）熟悉植物分类检索表、植物识别 APP、植物识别图谱的使用方式方法。

（3）掌握天然草地常见牧草的等级划分。

（4）个别不能现场识别确定的牧草须采集标本，通过其他方式识别。

### 任务实施

天然草地可食牧草登记表

步骤一：在选定的草地上拍摄所有植物个体照片并采集标本。

步骤二：识别天然草地可食牧草并登记归类。

### 任务总结

________________________________________________

________________________________________________

________________________________________________

________________________________________________

________________________________________________。

### 任务检测

请扫码答题。

任务检测（上）　任务检测（下）

## 任务二　识别常见不可食草及毒草

### 任务导入

天然草地上的草地植物种类丰富，除草食家畜终年可食的优良牧草外，有一些草地植物可被草食家畜季节性采食，包括中、低、劣等牧草；还有一些草地植物是草食家畜只有在极端条件下（如雪灾、旱灾等）被迫采食，主要是指无毒有害植物；另外，还有一些草地植物体含有植物毒素，草食家畜误食后，会妨碍其正常生长发育或引起家畜的生理异常现象，甚至发生死亡。

请在某区域天然草地上，认真观察并识别各种草食家畜不可食草、毒草，并填写天然草地不可食及毒草登记表。

## 任务工单

班级＿＿＿＿＿＿ 姓名＿＿＿＿＿＿ 学号＿＿＿＿＿＿

<table>
<tr><td>任务名称</td><td colspan="4">识别常见不可食草及毒草</td></tr>
<tr><td>任务描述</td><td colspan="4">根据实际情况，填写本任务的内容、目的、流程和方法。<br>任务内容：＿＿＿＿＿＿＿＿＿＿＿＿＿＿＿＿＿＿＿＿。<br>任务目的：＿＿＿＿＿＿＿＿＿＿＿＿＿＿＿＿＿＿＿＿。<br>任务流程：＿＿＿＿＿＿＿＿＿＿＿＿＿＿＿＿＿＿＿＿。<br>任务方法：＿＿＿＿＿＿＿＿＿＿＿＿＿＿＿＿＿＿＿＿。</td></tr>
<tr><td>获取信息</td><td colspan="4">要完成任务，需要掌握相关的知识。请收集资料，回答以下问题。<br>1. 什么是不可食草？不可食的原因是什么？<br><br>2. 毒草与害草的区别是什么？<br><br>3. 有毒植物所含的植物毒素哪些类型？<br><br>4. 外来入侵植物对天然草地的危害主要表现在哪些方面？<br><br>5. 请各列举出 10 种以上天然草地常见不可食草及毒草的名称。</td></tr>
<tr><td>制订计划</td><td colspan="4">制订完成本任务的工作计划。</td></tr>
<tr><td rowspan="6">任务实施</td><td colspan="4">按照预先制订的工作计划，完成本任务，并记录任务实施过程。</td></tr>
<tr><td>序号</td><td>完成的任务</td><td>遇到的问题</td><td>解决办法</td></tr>
<tr><td></td><td></td><td></td><td></td></tr>
<tr><td></td><td></td><td></td><td></td></tr>
<tr><td></td><td></td><td></td><td></td></tr>
<tr><td></td><td></td><td></td><td></td></tr>
</table>

（续表）

<table>
<tr><td rowspan="10">任务评价</td><td colspan="6">评价表</td></tr>
<tr><td>项目</td><td>评价内容</td><td>分值</td><td>自评</td><td>互评</td><td>师评</td></tr>
<tr><td rowspan="4">知识技能</td><td>比对草地植物标本各细节，说明植物科识别主要特征</td><td>15</td><td></td><td></td><td></td></tr>
<tr><td>比对草地植物标本各细节，说明植物种识别主要特征</td><td>15</td><td></td><td></td><td></td></tr>
<tr><td>在草地样方中识别出所有不可食草类，并确定其植物种名</td><td>15</td><td></td><td></td><td></td></tr>
<tr><td>在草地样方中识别出所有毒草，并确定其植物种名</td><td>15</td><td></td><td></td><td></td></tr>
<tr><td>任务进度</td><td>提前完成 10 分；正常完成 7～9 分；超时完成 3～6 分；未完成 0～2 分</td><td>10</td><td></td><td></td><td></td></tr>
<tr><td>任务质量</td><td>整体效果很好为 10 分；较好为 7～9 分；一般为 3～6 分；较差为 0～2 分</td><td>10</td><td></td><td></td><td></td></tr>
<tr><td>素养表现</td><td>主动承担任务，观察认真细致，有效利用各类资源，积极提升探究能力</td><td>10</td><td></td><td></td><td></td></tr>
<tr><td>思政表现</td><td>树立习近平生态文明思想，有保护草地生物多样性、防范外来物种入侵意识</td><td>10</td><td></td><td></td><td></td></tr>
</table>

## 任务准备

### ● 知识准备

#### 一、不可食草及毒草

（1）不可食草：是指牲畜不采食或者植物体具芳香味，具针刺、刺芒、刺毛，对牲畜有伤害的，但不具有毒物质的植物。

（2）害草：指植株本身无毒，但在草地上过度繁衍，造成可食牧草减少，或植株具有钩刺或芒等结构，造成草地整体品质下降，且对牲畜采食、生长发育等造成不利影响的植物。

（3）毒草：指含有对牲畜有毒的成分，牲畜一旦采食或误食后，能造成死亡或导致机体长期性或暂时性伤害的植物。

（4）毒害草：是一类植物的统称，主要指外来入侵植物和草地非优势建群草种，受超载放牧、气候异常变化等因素影响，在天然草地上肆意繁殖，造成原生植被大量消亡，进而降低草地生物多样性，最终引起草地退化的植物。毒害草包括毒草和害草。

（5）新入侵（外来）毒害草：指在我国境内首次发现的外来有害植物和在县级行政区首次发现国家公布的外来有害植物。

## 二、天然草地常见不可食草

知识链接 2-2-1

青海省天然草地常见不可食草

（1）木贼科：问荆、木贼。

（2）麻黄科：木贼麻黄、小麻黄、膜果麻黄。

（3）蓼科：扁蓄、西伯利亚蓼、小大黄、波叶大黄、掌叶大黄、网脉大黄、穗花大黄、圆叶大黄。

（4）石竹科：甘肃蚤缀、苔状蚤缀、垫状蚤缀、米瓦罐、旱麦瓶草、蔓麦瓶草。

（5）毛茛科：驴蹄草。

（6）紫堇科：迭裂紫堇、条裂紫堇、暗绿紫堇、紫堇、直立角茴香、节裂果角茴香。

（7）十字花科：碎米荠、大叶碎米荠、紫花碎米荠、播娘蒿、高山葶苈、喜山葶苈、葶苈、宽叶独行菜、独行菜。

（8）景天科：四裂红景天、唐古特红景天、红景天。

（9）虎耳草科：三脉梅花草、梅花草、黑花虎耳草、黑心虎耳草、甘青虎耳草、青藏虎耳草、青海虎耳草、狭瓣虎耳草、红虎耳草、玉树虎耳草、沼泽虎耳草、治多虎耳草。

（10）蔷薇科：匍匐栒子、灰栒子、栒子、水栒子、单花栒子、西北栒子、野草莓、东方草莓、窄叶鲜卑花、鲜卑花、高山绣线菊、蒙古绣线菊、阿尔泰绣线菊、细枝绣线菊。

（11）蝶形花科：甘草、披针叶黄华、高山黄华。

（12）牻牛儿苗科：牻牛儿苗、巴塘老鹳草、老鹳草、甘青老鹳草、西伯利亚老鹳草。

（13）锦葵科：冬葵。

（14）堇菜科：双花堇菜、紫花地丁、阿坝堇菜、西藏堇菜、鳞茎堇菜。

（15）胡颓子科：沙棘。

（16）伞形科：北柴胡、颈直柴胡、狭叶柴胡、小五台柴胡、羌活（大头羌）、宽叶羌活。

（17）杜鹃花科：烈香杜鹃（黄花杜鹃）、头花杜鹃、百里香杜鹃、甘肃杜鹃、青海杜鹃、黄毛杜鹃、大板山杜鹃。

（18）报春花科：垫状点地梅、白花点地梅、雪山点地梅、高山点地梅、西藏点地梅、羽叶点地梅、甘青报春、天山报春、胭脂花。

（19）蓝雪科：黄花补血草、二色补血草。

（20）夹竹桃科：罗布麻。

（21）唇形科：忽布筋骨草（白苞筋骨草）、异叶青兰、唐古特青兰、兰花青兰、独一味、薄荷、萼果香薷、香薷。

（22）茄科：山莨菪、黄花山莨菪、马尿泡。

（23）玄参科：短穗兔耳草、短管兔耳草、肉果草（兰石草）、阿拉善马先蒿、鸭首马先蒿、碎米蕨叶马先蒿、鹅首马先蒿、聚花马先蒿、绿毛马先蒿、甘肃马先蒿、长花马先蒿、青海马先蒿、四川马先蒿、轮叶马先蒿、婆婆纳、青海婆婆纳、唐古特婆婆纳。

（24）紫葳科：簇角蒿、全缘角蒿（密花角蒿）、角蒿、黄花角蒿。

（25）茜草科：茜草、中华茜草。

（26）忍冬科：黄花忍冬、刚毛忍冬、五台忍冬、红脉忍冬、红花忍冬、小叶忍冬、唐古特忍冬、西藏忍冬、伏地忍冬。

（27）败酱科：匙叶甘松。

（28）桔梗科：细叶沙参、细萼沙参、钻裂风铃草、聚花风铃草。

知识链接2-2-2

浅谈草地生态监测中常见的有毒有害植物

（29）菊科：阿尔泰紫菀、垂头菊、矮垂头菊、条叶垂头菊、车前状垂头菊、喜马拉雅垂头菊、阿尔泰狗娃花、青藏狗娃花、狗娃花、黄帚橐吾、掌叶橐吾、箭叶橐吾、红轮千里光、长梗千里光、林荫千里光 、田野千里光、天山千里光 、红千里光。

（30）百合科：黄精、甘肃黄精、玉竹、独花黄精。

（31）兰科：角盘兰、甘青角盘兰。

（32）罂粟科：多刺绿绒蒿、全缘绿绒蒿、红花绿绒蒿、五脉绿绒蒿。

## 三、天然草地常见毒草

### （一）植物毒素

知识链接2-2-3

青海省天然草地常见毒草

有毒植物所含的植物毒素主要有以下几种。

（1）生物碱。如士的宁、乌头碱等。

（2）甙类。如氰甙、强心甙、皂甙等。

（3）草酸及草酸盐。

（4）有毒蛋白。如蓖麻毒素、相思子毒素、有毒氨基酸。

（5）多酚类化合物。如栎丹宁、棉酚、香豆素与双香豆素等。

（6）酶。如硫胺素酶、蛋白酶抑制剂等。

（7）雌激素。

（8）有毒元素。如富硒植物（黄芪属、棘豆属）、富氟植物、富铜植物等。

（9）硝酸盐与亚硝酸盐。

### （二）常见毒草

（1）毛茛科：甘青乌头、圆叶乌头、高乌头、铁棒槌、露蕊乌头、青海乌头、小叶银莲花、银莲花、钝裂银莲花、迭裂银莲花、溪畔银莲花、甘青铁线莲、铁线莲、细叶铁线莲、黄花铁线莲、小叶铁线莲、兰花翠雀、白兰翠雀、奇林翠雀、翠雀、白头翁、蒙古白头翁、高原毛茛、三裂毛茛、毛茛、云生毛茛、水毛茛、高山唐松草、直梗高山唐松草、贝加尔唐松草、瓣蕊唐松草、箭头唐松草、香唐松草。

（2）蝶形花科：兰花棘豆、甘肃棘豆、镰形棘豆、黄花棘豆、刺叶柄棘豆、小花棘豆、藏棘豆。

（3）大戟科：北京大戟（猫眼草）、青海大戟、钩腺大戟、泽漆。

（4）瑞香科：唐古特瑞香、狼毒。

（5）龙胆科：黄花龙胆、尖叶龙胆、细叶龙胆、达乌里龙胆、斜升龙胆、兰白龙胆、秦艽、假水生龙胆、青藏龙胆、华丽龙胆、匙叶龙胆、鳞叶龙胆、麻花艽、条纹龙胆、扁蕾、湿生扁蕾、中国獐芽菜、红直獐芽菜。

（6）禾本科：醉马芨芨草。

知识链接 2-2-4

青海天然草地有毒植物及防除

- **材料准备**

天然草地不可食草及毒草登记表、天然草地植物识别图谱、植物分类检索表、植物识别 APP。

- **工具准备**

GNSS 定位仪、罗盘仪、照相机（手机）、采集杖，标本夹、样方框、钢卷尺、套装生物解剖器、放大镜、A4 板夹、铅笔、记号笔、交通工具等。

- **人员准备**

任务分工

| 任务角色 | 任务内容 |
|---|---|
| 组长： | 任务：组织小组成员在天然草地上采集植物标本，识别各类植物，填写天然草地不可食草及毒草登记表。 |
| 组员 1： | 任务：天然草地上采集植物标本，识别各不可食草类，确定其不可食原因。 |
| 组员 2： | 任务：天然草地上采集植物标本，识别各不可食草类，确定其不可食原因。 |
| 组员 3： | 任务：天然草地上采集植物标本，识别各毒草，查询相关资料，确定毒害原因。 |
| 组员 4： | 任务：天然草地上采集植物标本，识别各毒草，查询相关资料，确定毒害原因。 |

## 任务筹划

完成天然草的牧草识别工作，需要筹划以下 4 个方面的事项。

（1）熟悉草地主要植物科的基本特征，能够确定草地大多数植物科的归属。

（2）熟悉植物分类检索表、植物识别 APP、植物识别图谱的使用方式方法。

（3）掌握天然草地不可食草牲畜不可食的原因及毒草产生毒害的原因。

（4）个别不能现场识别确定的牧草须采集标本，通过其他方式识别。

## 任务实施

步骤 ：在选定的草地上拍摄所有植物个体照片并采集标本。

步骤二：识别不可食草类、毒草并登记归类。

天然草地不可食草及毒草登记表

## 任务总结

________________________________________________________________________

________________________________________________________________________。

## 任务检测

请扫码答题。

任务检测（上）　任务检测（下）

# 项目三 判别草地类型

## 项目导读

不同时间、空间范围内的草地具有不同的自然特征和经济特征，只有对草地进行科学分类，才能正确认识草地、研究草地，才能处理好草地保护与利用的关系，在保护好草地生态的基础上，科学利用草地资源，促进草原牧区绿色发展和农牧民增收。

本项目从人们对草地最朴素的类型划分入手，通过行动导向“六步法”的操作流程，了解草地类型划分的相关知识，熟悉我国草地的类型及特点，掌握区域草地类型判别技能。

## 知识目标

（1）掌握草地类型的概念。

（2）了解我国草地类型划分方法。

（3）熟悉我国草地的类型及特点。

## 技能目标

（1）能够复述我国草地类型及特点。

（2）能够正确判别区域草地类型。

（3）能够规范填写草地类型调查表。

## 素养目标

（1）提升自主学习能力。能够主动通过各种形式，获取自己想了解学习的知识。

（2）树立安全意识。了解野外草地工作风险，熟知野外工作安全常识，不因自己的行为给自己和他人带来危险。

## 思政目标

（1）在浏览我国大美草原的过程中树立尊重自然、顺应自然、保护自然的生态文明理念，以个人实际行动践行生态文明建设。

（2）通过了解草原文化历史，体会各民族共同开拓、共同书写、共同创造今日之美好生活，强化中华民族共同体意识。

# 任务一 了解世界及中国的草地

## 任务导入

草地是地球表面覆盖面积最大的绿色植被，在地球陆地表面可清楚地看到，植被从北至南分布有苔原、森林、草原和荒漠4个基本植被带，森林是树木的着生地，而草原、荒漠是草地的主要类型。

人类对于草地的认识，立足于具体的草地，从大范围的显著差异开始，进行比较粗放的区分。欧亚大陆人民把平坦、广大以旱生丛生禾草为主的地区称为斯太普（steppe），非洲人民把干旱而灌丛较多的草原称为维尔德（veld），拉丁美洲群众把他们所熟知的稀疏的高草草地称为潘帕斯（pampas），北美洲大草原通常称为普列里（prairie），热带稀树草原称为萨旺那（savanna），我国牧民群众对于草地习惯上有甸子、草原、草场之分，这就是人们对草地类型的一种最朴素的划分。

请通过图书、杂志、互联网等，积极获取世界草地及中国草地类型、特点及分布的相关知识，认识体会不同类型的草地，重点掌握我国草地基本概况。

## 任务工单

班级____________ 姓名____________ 学号____________

| 任务名称 | 了解世界及中国的草地 |
|---|---|
| 任务描述 | 根据实际情况，填写本任务的内容、目的、流程和方法。<br>任务内容：________________________<br>______________________________。<br>任务目的：________________________<br>______________________________。<br>任务流程：________________________<br>______________________________。<br>任务方法：________________________<br>______________________________。 |
| 获取信息 | 要完成任务，需要掌握相关的知识。请收集资料，回答以下问题。<br>1. 什么是草地类型？为什么要将草地划分类型？ |

（续表）

<table>
<tr><td rowspan="4">获取信息</td><td colspan="7">2. 世界草地有哪些典型的草地类型？各代表哪些区域的哪类草地？<br>3. 中国草地面积有多大？主要的牧业省份有哪些？<br>4. 请简述我国主要的牧业省份草地资源状况。<br>5. 我国天然草地可分为哪些类型？</td></tr>
<tr></tr><tr></tr><tr></tr>
<tr><td>制订计划</td><td colspan="7">制订完成本任务的工作计划。</td></tr>
<tr><td rowspan="6">任务实施</td><td colspan="7">按照预先制订的工作计划，完成本任务，并记录任务实施过程。</td></tr>
<tr><td>序号</td><td colspan="2">完成的任务</td><td colspan="2">遇到的问题</td><td colspan="2">解决办法</td></tr>
<tr><td></td><td colspan="2"></td><td colspan="2"></td><td colspan="2"></td></tr>
<tr><td></td><td colspan="2"></td><td colspan="2"></td><td colspan="2"></td></tr>
<tr><td></td><td colspan="2"></td><td colspan="2"></td><td colspan="2"></td></tr>
<tr><td></td><td colspan="2"></td><td colspan="2"></td><td colspan="2"></td></tr>
<tr><td rowspan="12">任务评价</td><td colspan="7">评价表</td></tr>
<tr><td>项目</td><td colspan="2">评价内容</td><td>分值</td><td>自评</td><td>互评</td><td>师评</td></tr>
<tr><td rowspan="5">知识技能</td><td colspan="2">掌握草地类型的概念</td><td>10</td><td></td><td></td><td></td></tr>
<tr><td colspan="2">了解世界典型草地的类型及分布</td><td>10</td><td></td><td></td><td></td></tr>
<tr><td colspan="2">了解我国主要牧业省份天然草地基本情况</td><td>10</td><td></td><td></td><td></td></tr>
<tr><td colspan="2">掌握家乡所在省份天然草地基本情况</td><td>10</td><td></td><td></td><td></td></tr>
<tr><td colspan="2">搜集资料，填写中国最美草地概况表</td><td>20</td><td></td><td></td><td></td></tr>
<tr><td>任务进度</td><td colspan="2">提前完成 10 分；正常完成 7～9 分；超时完成 3～6 分；未完成 0～2 分</td><td>10</td><td></td><td></td><td></td></tr>
<tr><td>任务质量</td><td colspan="2">整体效果很好为 10 分；较好为 7～9 分；一般为 3～6 分；较差为 0～2 分</td><td>10</td><td></td><td></td><td></td></tr>
<tr><td>素养表现</td><td colspan="2">体现一定自主学习能力。能通过各种形式获取相关知识</td><td>10</td><td></td><td></td><td></td></tr>
<tr><td>思政表现</td><td colspan="2">能体会自然之美，体现尊重自然、保护自然之意愿</td><td>10</td><td></td><td></td><td></td></tr>
</table>

## 任务准备

### • 知识准备

### 一、草地类型

草地类型是指在一定的时间、空间范围内，具有相同自然和经济特征的具体的草地地段，是草地的组成单元。

草地类型是对草地中不同生境的植物群体，以及这些群体的不同组合的高度抽象和概括。草地类型的划分是认识草地自然特征与经济特征的基本方法。其主要任务是采集草地植被及其生境信息，为拟定草地类型分类系统，描述草地类型特征、编制草地专题图件等提供基本信息。划分草地类型，不仅可以揭示不同草地类型的自然和经济属性，也为更加合理利用草地提供科学依据。

### 二、世界草地分布与类型

知识链接 3-1-1

世界典型草地类型

#### 1. 亚洲的草地

亚洲草地面积约 20.78 亿 $hm^2$，主要分布在中国、俄罗斯、哈萨克斯坦、蒙古国、沙特阿拉伯、土库曼斯坦和阿富汗等。

亚洲的天然草地类型繁多，从热带雨林草地到寒漠草地，从热带荒漠草地到冻原草地应有尽有。但其中最主要的、经济意义最大的是温带草原、亚热带和温带荒漠、高寒草甸等草地类型。

#### 2. 非洲的草地

非洲有各种类型的草地约 19.99 亿 $hm^2$，占全洲面积的 67.44%。主要的类型为热带稀树草原（萨旺那）、热带荒漠草原（萨赫勒）、温带草原（维尔德）、热带亚热带灌木草原和热带亚热带荒漠草原。分布在非洲赤道热带雨林两侧的热带稀树草原是非洲最重要的草地类型和草地资源，也是世界上最大的稀树草原，总面积 2.84 亿 $hm^2$。

#### 3. 北美洲和中美洲的草地

北美洲和中美洲草地面积约 10.34 亿 $hm^2$，主要分布在美国、墨西哥、加拿大三国，中美洲各国面积虽小，但也有相当面积的草地。北美洲草地资源丰富，类型多样，其中最重要是普列里草原（温带禾草草原）、山间荒漠—山地松桧林复合草地、硬叶常绿灌丛、热带亚热带荒漠、热带稀树草原、温带阔叶林草地、极地和高山冻原等类型。

#### 4. 南美洲的草地

南美洲有各种类型的草地约 8.45 亿 $hm^2$，巴西和阿根廷拥有大面积的草地。从类型和分布上可以将南美洲的草地分为热带稀树草原、潘帕斯草原、热带干燥疏林和灌丛三大部分。

**5. 大洋洲的草地**

大洋洲有草地面积约 6.12 亿 hm²，主要分布在澳大利亚和新西兰，植被分布呈半环状，外缘是森林，向内陆是广阔的热带稀树草原和干草原，中央是热带亚热带荒漠。

**6. 欧洲的草地**

欧洲有草地面积约 2.62 亿 hm²，草地培育的历史较长，草地资源中人工草地的比重较大，天然草地的面积较小，类型也不如其他各洲复杂，具有特点的是温带草甸、阿尔卑斯高山草地、地中海沿岸的常绿硬叶灌丛和北部的冻原。

## 三、中国草地分布与类型

知识链接 3-1-2

中国草地分布在线地图

我国天然草地面积达 3.928 亿 hm²，约占全球草原面积 11.43%，居世界第一。目前我国草原总面积占国土面积 40.9%，是耕地面积的 2.91 倍、森林面积的 1.89 倍。

我国的草地主要分布在从大兴安岭起向西南到横断山脉的斜线以西部分，其中大面积的集中分布于西藏、内蒙古、新疆、青海、甘肃、四川、广西、云南、黑龙江等省（自治区）。如表 3-1-1 所示。

**表 3-1-1　全国主要省（自治区）草地面积（国土三调数据）** 单位：万 hm²

| 地区 | 草地面积 | 天然牧草地 | 人工牧草地 | 其他草地 |
|---|---|---|---|---|
| 全国 | 26 453.01 | 21 317.21 | 58.06 | 5 077.74 |
| 西藏 | 8 006.50 | 6 866.93 | 4.53 | 1 135.04 |
| 内蒙古 | 5 437.42 | 4 792.20 | 12.72 | 632.50 |
| 新疆 | 5 198.60 | 3 959.81 | 14.91 | 1 223.88 |
| 青海 | 3 947.08 | 3 666.39 | 8.91 | 271.78 |
| 甘肃 | 1 430.71 | 656.62 | 2.49 | 771.60 |
| 四川 | 968.79 | 943.49 | 5.77 | 19.53 |

**1. 西藏的草地**

知识链接 3-1-3

中国最美的草原

西藏地处我国西南部的青藏高原南部，有草地面积约 8 006.50 万 hm²，占全国第一位。西藏绝大部分地处高原寒带，但东南部河谷深切，局部地区具热带亚热带气候，因而草地类型繁多，全国所有的草地类型西藏几乎都有。但基本类型是高寒草甸、高寒草原、高寒荒漠等高寒类草地，这些类型的草地占草地总面积的 93.81%。由于气候寒冷，产草量较低，全区草地平均产草量 373 kg/hm² 风干物质，属于全国最低的水平。

**2. 内蒙古的草地**

内蒙古地处我国北部，有草地面积约 5 437.42 万 hm²，是我国第二大草原省级行政区。内蒙古的草地是欧亚大陆斯太普草原的组成部分之一，地处温带平原，干旱大陆性气候，东西延绵长达 2 400 多 km，从东到西依次分布着著名的呼伦贝尔草原、锡林郭勒草原、科尔沁草原、乌兰察布草原和鄂尔多斯草原。以温带草原为主，还分布有温性荒漠、低地草甸。内蒙古草地的牧草产量较高，全区草地平均产草量为 1 069 $kg/hm^2$ 风干物质，由东向西随降水量的减少而递减。

**3. 新疆的草地**

新疆地处我国西北部，有草地约 5 198.60 万 $hm^2$，是我国第三大草原省级行政区。草地类型主要为温性荒漠、山地草甸。新疆草地的平均产草量在全国属于中等，但类型差异很大，低地草甸和山地草甸不仅产量较平均数高出一倍以上，而且质量优良。

**4. 青海的草地**

青海有草地约 3 947.08 万 $hm^2$，其中天然草地 3 666.39 万 $hm^2$，人工草地 8.91 万 $hm^2$，其他草地 271.78 万 $hm^2$，是我国第四大草原省级行政区。草地类型以高寒草甸为主，其次为高寒草原、温性草原和温性荒漠。草地平均产草量 780 $kg/hm^2$ 风干物质，在全国属于中上等。

知识链接 0-1-4

青海天然草地特征

**5. 甘肃的草地**

甘肃草地总面积约 1 430.71 万 $hm^2$，是我国第五大草原省级行政区。甘肃草地类型众多，但以温性草原、温性荒漠、山地草甸和高寒草甸为主。平均产草量 800 $kg/hm^2$ 风干物质，在全国属中上等。

**6. 四川的草地**

四川有天然草地约 968.79 万 $hm^2$，是我国第六大草原省级行政区。草地类型在盆地及盆周地区以热性灌草丛、暖性灌草丛和山地草甸为主；川西北青藏高原边缘地区以高寒草甸为主，占全省天然草地面积的 43%。四川草地的平均产草量为 2 389 $kg/hm^2$ 风干物质，其中热性草丛平均产量高达 4 039 $kg/hm^2$ 风干物质，而高寒草甸平均产量为 1 683 $kg/hm^2$ 风干物质，较西藏、青海、甘肃、新疆同类草地高出许多。

## • 材料准备

中国最美草原概况表。

## • 工具准备

图书、杂志、手机、电脑等。

## • 人员准备

**任务分工**

| 任务角色 | 任务内容 |
|---|---|
| 组长： | 任务：组织小组成员针对工作任务展开讨论，分配工作任务，完成对世界及中国草地的了解与认识。 |
| 组员 1： | 任务：参与讨论，查询相关资料，收集整理世界典型草地相关资料与小组成员共享学习。 |

（续表）

| 任务角色 | 任务内容 |
|---|---|
| 组员 2： | 任务：参与讨论，查询相关资料，收集整理我国主要牧业省份草地相关资料与小组成员共享学习。 |
| 组员 3： | 任务：参与讨论，查询相关资料，收集整理我国最美草原相关资料与小组成员共享学习。 |
| 组员 4： | 任务：参与讨论，查询相关资料，收集整理我国最美草原相关资料与小组成员共享学习。 |

## 任务筹划

完成对世界及中国草地的了解认识，需要筹划以下 3 个方面的事项。

（1）理解并体会草地类型划分的意义，初步了解草地类型的划分。

（2）网上搜集资料须注意甄别其真伪，尽可能从专业权威网站搜集相关资料。

（3）收集整理的资料共享于小组成员，并通过小组讨论的方式完成知识的迁移学习。

## 任务实施

步骤一：通过手机、电脑、纸质书籍等途径搜集国内外草地相关信息，了解国内外草地分布情况及类型特点。

步骤二：通过手机、电脑、纸质书籍等途径搜集我国草原的基本概况，了解中国著名草地分布情况及类型特点。

国内外草地资源分布

中国著名草原概况

## 任务总结

________________________________________________

________________________________________________。

## 任务检测

请扫码答题。

任务检测（上）

任务检测（下）

# 任务二　探究草地分类

## 任务导入

草地分类是对草地自然与经济特性认识的总结，是科学保护利用草地的基本依据。由于草地在不同区域所处自然、经济地位的差异，以及出于不同的分类目的和对分类原则认识的不同，在世界上有许多不同的草地分类方法。针对我国的天然草地，国内许多学者也提出了不同的分类方法。1988 年我国原农业部发布《中国草地类型的划分标准和中国草地类型分类系统》，作为全国统一的标准；2016 年原农业部发布 NY/T 2997—2016《草地分类》农业行业标准，自 2017 年 4 月实施。

请认真分析研究我国草地分类 1988 年版与 2016 年版，对比两版草地类型划分的变化。

## 任务工单

班级＿＿＿＿＿＿＿＿　　姓名＿＿＿＿＿＿＿＿　　学号＿＿＿＿＿＿＿＿

| 任务名称 | 探究草地分类 |
| --- | --- |
| 任务描述 | 根据实际情况，填写本任务的内容、目的、流程和方法。<br>任务内容：＿＿＿＿＿＿＿＿＿＿＿＿＿＿＿＿＿＿＿＿。<br>任务目的：＿＿＿＿＿＿＿＿＿＿＿＿＿＿＿＿＿＿＿＿。<br>任务流程：＿＿＿＿＿＿＿＿＿＿＿＿＿＿＿＿＿＿＿＿。<br>任务方法：＿＿＿＿＿＿＿＿＿＿＿＿＿＿＿＿＿＿＿＿。 |
| 获取信息 | 要完成任务，需要掌握相关的知识。请收集资料，回答以下问题。<br>1. 世界上对草地类型的划分有哪些分类体系？<br>2. 草地分类单位系统中，最多可以将草地分为多少个级别？分别是哪些级别？最基本的分类级有哪些级别？<br>3. 对于中国天然草地，我国哪些学者提出了什么样的草地分类方法？<br>4. 我国草地分类（2016 版）中，草地类和草地型的划分标准是什么？<br>5. 请写出我国天然草地 9 大草地类的具体名称。 |

（续表）

<table>
<tr><td>制订计划</td><td colspan="6">制订完成本任务的工作计划。</td></tr>
<tr><td rowspan="5">任务实施</td><td colspan="6">按照预先制订的工作计划，完成本任务，并记录任务实施过程。</td></tr>
<tr><td>序号</td><td>完成的任务</td><td colspan="2">遇到的问题</td><td colspan="2">解决办法</td></tr>
<tr><td></td><td></td><td colspan="2"></td><td colspan="2"></td></tr>
<tr><td></td><td></td><td colspan="2"></td><td colspan="2"></td></tr>
<tr><td></td><td></td><td colspan="2"></td><td colspan="2"></td></tr>
<tr><td rowspan="11">任务评价</td><td colspan="6">评价表</td></tr>
<tr><td>项目</td><td>评价内容</td><td>分值</td><td>自评</td><td>互评</td><td>师评</td></tr>
<tr><td rowspan="5">知识技能</td><td>能复述世界草地两大分类体系及草地分类单位</td><td>10</td><td></td><td></td><td></td></tr>
<tr><td>能复述草地分类的类、组、型的划分标准</td><td>10</td><td></td><td></td><td></td></tr>
<tr><td>能复述中国草地 18 个草地类的具体名称（1988 版）</td><td>15</td><td></td><td></td><td></td></tr>
<tr><td>能复述中国草地 9 个草地类的具体名称（2016 版）</td><td>15</td><td></td><td></td><td></td></tr>
<tr><td>绘制中国草地分类 1988 版到 2016 版的思维导图</td><td>20</td><td></td><td></td><td></td></tr>
<tr><td>任务进度</td><td>提前完成 10 分；正常完成 7～9 分；超时完成 3～6 分；未完成 0～2 分</td><td>10</td><td></td><td></td><td></td></tr>
<tr><td>任务质量</td><td>整体效果很好为 10 分；较好为 7～9 分；一般为 3～6 分；较差为 0～2 分</td><td>10</td><td></td><td></td><td></td></tr>
<tr><td>素养表现</td><td>观察细致、独立思考，注重细节，能以绘制思维导图形式加强知识记忆</td><td>5</td><td></td><td></td><td></td></tr>
<tr><td>思政表现</td><td>了解科学家生平事迹，弘扬科学家精神</td><td>5</td><td></td><td></td><td></td></tr>
</table>

## 任务准备

### • 知识准备

#### 一、草地分类体系

知识链接3-2-1

中国不同学者提出的草地分类方法

世界各国众多的草地分类方法，根据其分类的依据，可以划分为两大体系：农业经营分类法和发生学分类法。

**1. 农业经营分类法**

主要是根据对草地的改良和经营水平划分，突出了人类生产活动在草地形成中的作用。这类分类法，通常用在草地地域比较小，自然条件比较单一，经营走向集约化的国家和区域，英国、法国等西欧国家采用较为广泛。

**2. 发生学分类法**

主要是根据草地在自然界发生发展的决定性因素划分，突出了环境因素在草地形成中的作用。发生学分类在世界上任何地区都有应用，不过更多地是在天然草地面积大、跨越自然地带较多的国家和地区采用，我国的草地分类采用这一体系。

#### 二、草地分类单位

草地分类都有由高级、中级到低级的分类单位系统，级别的多少，不同分类方法有所差别。从现有分类系统看，最多的有类组、类、亚类、组、型、亚型、变型七级，通常把类、组、型作为最基本的分类级。

（1）类：是高级分类单位。是成因一致的宏观分类级，类之间草地的自然与经济特性具有质的差别。

（2）组：是中级分类单位。是在草地类的范围内，生态经济特性基本一致，利用上往往可以作为独立单元的经营分类级。组之间在生境与经济价值上具有明显差异。

（3）型：是低级分类单位。是在草地组的范围内，生境更趋一致，植物种类组成、草地质量与产量更为接近的生产力分类级。型之间在草地属性上主要是量的差异，是草地分类的基本单位。

#### 三、中国草地分类（1988年版）

1988年原农业部畜牧兽医司发布《中国草地类型的划分标准和中国草地类型分类系统》，采用发生学－植被生境分类法，主要按类、组、型3级分类（设亚类作为类的补充，亚型作为型的辅助单位），将覆盖全中国的天然草地划分为18个类、21个亚类、144个组、824个型。这是中国第一个完整的草地分类系统。如图3-2-1所示。

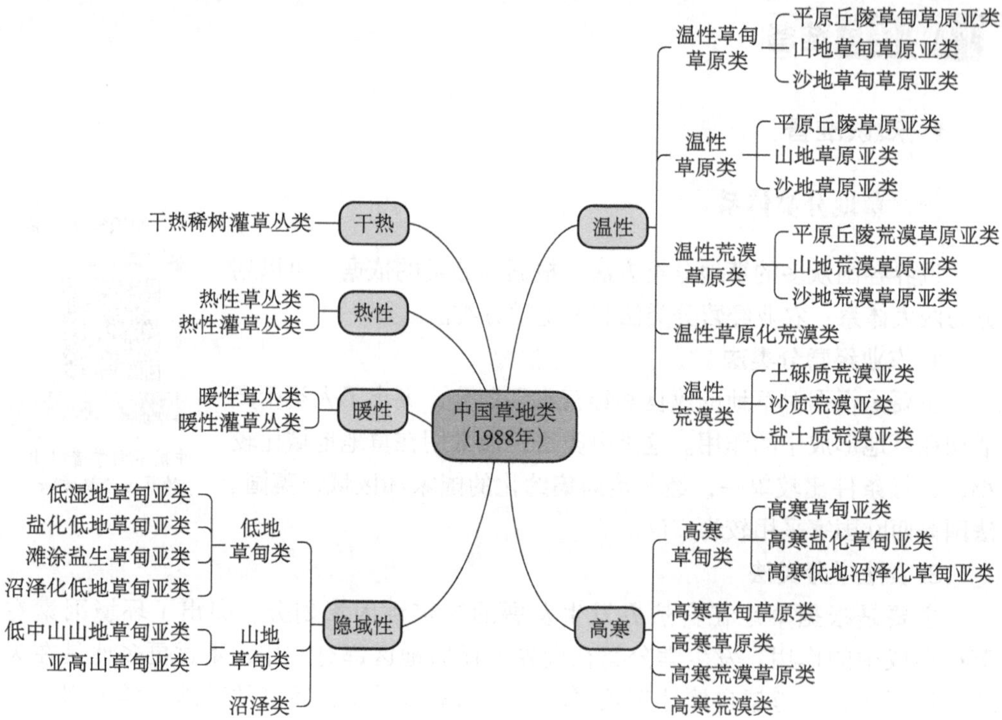


图 3-2-1 中国草地类及亚类的划分（1988 年）

## 四、中国草地分类（2016 年版）

2016 年我国原农业部发布农业行业标准 NY/T 2997—2016《草地分类》，采用类、型两级分类，将全国天然草地划分为 9 个草地类、175 个草地型。

### （一）草地类

将具有相同气候带和植被型组的草地划分为相同的类。全国的草地划分为 9 个类。

知识链接 3-2-2

DB63/T 1513–2016
青海天然草地分类

**1. 草地类的划分指标**

（1）热量：热性、暖性、温性、高寒。

（2）植被：灌草丛、草原、荒漠、草甸。

**2. 草地类的划分**

（1）温性草原类。

（2）高寒草原类。

（3）温性荒漠类。

（4）高寒荒漠类。

（5）暖性灌草丛类。

（6）热性灌草丛类。

（7）低地草甸类。

（8）山地草甸类。

知识链接 3-2-3

NY/T 2997—
2016 草地分类

（9）高寒草甸类。

### （二）草地型

在草地类中，将优势种、共优种相同，或与优势种、共优种饲用价值相似的植物划分为相同的草地型。

**1. 相关概念**

（1）建群种：优势种中的最优势者，即盖度最大，占有最大空间，因而在建造群落和改造环境方面作用最突出的生物种为建群种，它决定着整个群落的基本性质。

（2）优势种：草地群落中作用最大，对其他种的生存有很大影响与控制作用的植物种。通常是个体数量多、投影盖度大、生物量高、体积较大、生活能力较强，即优势度较大的种。

（3）共优种：多种植物在群落中的优势地位相近时为共同优势种，简称共优种。

知识链接 3-2-4

中国草地分类从1988版到2016版

**2. 草地型的划分**

全国草地共划分175个草地型。具体草地型的名称见农业行业标准 NY/T 2997—2016《草地分类》。

知识链接 3-2-5

新疆大盘鸡与草地群落

### • 材料准备

农业行业标准 NY/T 2997—2016《草地分类》。

### • 工具准备

图书、杂志、手机、电脑等。

### • 人员准备

**任务分工**

| 任务角色 | 任务内容 |
|---|---|
| 组长： | 任务：组织小组成员查询中国草地分类的相关知识，展开讨论，确定工作内容，分配工作任务，完成对草地分类方法的探究。 |
| 组员 1： | 任务：参与讨论，查询中国不同学者所提出的不同的草地分类方法，仔细研读并列出各草地分类中草地类的具体名称。 |
| 组员 2： | 任务：参与讨论，查询中国草地分类（1988 版），仔细研读并列出草地类的具体名称。 |
| 组员 3： | 任务：参与讨论，查询中国草地分类（2016 版），仔细研读并列出草地类的具体名称。 |
| 组员 4： | 任务：参与讨论，研读中国草地分类（1988 版、2016 版），会同其他组员绘制 1988 版至 2016 版中国草地分类变化思维导图。 |

## 任务筹划

完成草地分类探究工作任务，需要筹划以下 4 个方面的事项。

（1）通过资料查询，了解我国不同学者提出的不同的草地分类方式方法。

（2）了解草地分类七级单位，重点掌握类、组、型的划分标准。

（3）熟悉并记忆 1988 版、2016 版全国天然草地类的具体名称。

（4）学习绘制 1988 版与 2016 版中国草地分类变化思维导图。

## 任务实施

步骤一：熟悉并记忆 1988 版、2016 版全国天然草地类的具体名称。

步骤二：绘制 1988 版与 2016 版中国草地分类变化思维导图。

中国草地类的名称溯源

1988 年版与 2016 年版中国草地分类变化图

## 任务总结

________________________________________________________________

________________________________________________________________

________________________________________________________________。

## 任务检测

请扫码答题。

任务检测（上）

任务检测（下）

# 任务三 判别草地类型

## 任务导入

根据我国农业行业标准 NY/T 2997—2016《草地分类》，全国天然草地划分为 9 个草地类。属于同一草地类的天然草地具有相同气候带和植物型组，不同草地类的天然草地之间自然特性与经济特性具有质的差别。要在保护好草地生态的基础上，科学利用好草地资源，就要对各种类型草地的自然与经济特性有足够的了解与认识。

请认真观察待判定区域天然草地，根据其空间位置、地形地势、景观地貌、气候、土壤、草地植物群落等信息，综合运用草地类型判别的发生学分析法、景观学分析法、群落分析法等方法，对照 NY/T 2997—2016《草地分类》规范填写调查登记表，判别出该草地的草地类和草地型。

## 任务工单

班级 ________________　姓名 ________________　学号 ________________

| 任务名称 | 判别草地类型 |
| --- | --- |
| 任务描述 | 根据实际情况，填写本任务的内容、目的、流程和方法。<br>任务内容：________________________________。<br>任务目的：________________________________。<br>任务流程：________________________________。<br>任务方法：________________________________。 |
| 获取信息 | 要完成任务，需要掌握相关的知识。请收集资料，回答以下问题。<br>1. 请简述高寒草甸类草地的基本特征和分布。<br>2. 请简述高寒草原类草地的基本特征和分布。<br>3. 伊万诺夫湿润度如何计算？<br>4. 如何采用发生学分析法判别草地类？<br>5. 如何区分草地植物群落中建群种、优势种、共优种？ |
| 制订计划 | 制订完成本任务的工作计划。 |

（续表）

| 任务实施 | 按照预先制订的工作计划，完成本任务，并记录任务实施过程。 | | | |
|---|---|---|---|---|
| | 序号 | 完成的任务 | 遇到的问题 | 解决办法 |
| | | | | |
| | | | | |
| | | | | |
| | | | | |

| 任务评价 | 评价表 | | | | | |
|---|---|---|---|---|---|---|
| | 项目 | 评价内容 | 分值 | 自评 | 互评 | 师评 |
| | 知识技能 | 熟悉 9 大草地类的基本特征和分布 | 10 | | | |
| | | 正确测定区域草地空间位置、判定地形地貌及土壤质地类型 | 10 | | | |
| | | 获取气象资料、正确计算湿润度 | 10 | | | |
| | | 测定汇算草地群落“四度一量” | 20 | | | |
| | | 正确判定建群种、优势种、共优种 | 10 | | | |
| | | 正确判别草地类型 | 10 | | | |
| | 任务进度 | 提前完成 10 分；正常完成 7～9 分；超时完成 3～6 分；未完成 0～2 分 | 10 | | | |
| | 任务质量 | 整体效果很好为 10 分；较好为 7～9 分；一般为 3～6 分；较差为 0～2 分 | 10 | | | |
| | 素养表现 | 团队分工明确、配合默契，操作严谨求实、能积极获取所需信息 | 5 | | | |
| | 思政表现 | 尊重自然、爱护自然，有生态理念、生态情怀 | 5 | | | |

## 任务准备

- **知识准备**

### 一、不同类型草地特征及分布范围

#### 1. 温性草原类

主要分布在伊万诺夫湿润度（以下简称湿润度）0.13～1.00、年降水量 150～

500 mm的温带干旱、半干旱和半湿润地区，以多年生旱生草本植物为主，有一定数量旱中生或强旱生植物的天然草地。我国内蒙古草地是中国温性草原类的主体部分，东部是以羊草、贝加尔针茅为主的呼伦贝尔草原和松嫩草原，中东部以大针茅、克氏针茅为主的锡林郭勒草原和科尔沁草原，中部是以克列门茨针茅、短花针茅为主的乌兰察布草原。青海省的温性草原类草地主要分布于共和盆地、青海湖盆地、茶卡盆地、柴达木盆地东部，以及大通河、湟水、黄河谷地及两侧山地。主要优势种为长芒草、西北针茅、青海固沙草、芨芨草、冷蒿等。

知识链接3-3-1

伊万诺夫湿润度

**2. 高寒草原类**

主要分布在湿润度0.13～1.00、年降水量100～400 mm的高山（或高原）亚寒带与寒带半干旱地区，耐寒的多年生旱生、旱中生或强旱生禾草为优势种，有一定数量旱生半灌木或强旱生小半灌木的天然草地。我国高寒草原主要分布在青藏高原中部和南部、帕米尔高原及天山、昆仑山和祁连山等亚洲中部高山。青海省的高寒草原类草地主要分布于祁连山地、共和盆地、青海湖盆地和柴达木盆地东部的宽谷、阶地、滩地、低山丘陵、干旱阳坡及坡麓地带，植物组成主要为寒旱生多年生密丛生禾草、根茎型薹草、垫状小半灌木，如紫花针茅、高山嵩草、青藏薹草、扇穗茅、垫状驼绒藜等。

**3. 温性荒漠类**

主要分布在湿润度＜0.13、年降水量＜150 mm的温带极干旱或强干旱地区，超旱生或强旱生灌木和半灌木为优势种，有一定数量旱生草本或半灌木的草地。广泛分布于内蒙古高原西部阿拉善盟、巴彦淖尔市，甘肃河地走廊，青海柴达木盆地，新疆准噶尔盆地与塔里木盆地。植物组成为超旱生的半灌木、灌木和小乔木。青海省的温性荒漠类草地主要分布于柴达木盆地的山前冲积－洪积平原、山麓的洪积倾斜平原、柴达木盆地南部的昆仑山前山带的山坡上，黄河、湟水谷低海拔的干旱山坡上也有少量分布。常见优势种为红砂、盐爪爪、猪毛菜、白刺、梭梭、柽柳。

**4. 高寒荒漠类**

主要分布在湿润度＜0.13、年降水量＜100 mm的高山（或高原）亚寒带与寒带极干旱地区，极稀疏低矮的超旱生垫状半灌木、垫状或莲座状草本植物为主的草地。分布于祁连山西部高山带，昆仑山内部山原，青藏高原北部，帕米尔高原的大河源头，高原湖盆碎石滩及一些坡谷地，在稍许湿润的地段，发生草原化，加入几种小禾草、小薹草。由于环境恶劣，产草量低，利用价值不大，多为高山野生动物栖息地。青海省的高寒荒漠类草地仅分布在祁连山西段的高山带和哈拉湖周围的山地滩地上，常见优势种为垫状驼绒藜、亚菊、红景天。

知识链接3-3-2

中国草地类型及分布

**5. 暖性灌草丛类**

主要分布在湿润度＞1.0、年降水量＞550 mm的暖温带地区，喜暖的多年生中生或旱中生草本植物为优势种，有一定数量灌木、乔木的草地。暖性灌草丛草地是暖温带森林灌丛植被破坏后，形成的相对稳定的次生植被。主要分布于内蒙古高原外缘、华北地区、山西东南山地、山东中南丘陵山地、河南西山地、黄土高原中南部和东西部，在亚热带温凉的中山带也有广泛分布，它还分布于山东、辽宁、江苏三省海岸带。主要饲用成分为禾草，草质中等，易于放牧，尤其适合于山羊利用。

**6. 热性灌草丛类**

主要分布在雨季湿润度＞1.0、旱季湿润度 0.7～1.0、年降水量＞700 mm 的亚热带和热带地区，以热性多年生中生或旱中生草本植物为主，有一定数量灌木、乔木的草地。是在热带、亚热带森林灌丛植被遭到破坏后，在自然恢复过程中形成的草地类型。广泛分布在亚热带常绿或落叶阔叶林区和热带季雨林区。组成热性灌草丛草地的草本植物多属旱中生类型，以禾草为主，主要用于放牧，放牧山羊更为适宜。

**7. 低地草甸类**

主要分布在河岸、河漫滩、海岸滩涂、湖盆边缘、丘间低地、谷地、冲积扇扇缘等地，受地表径流、地下水或季节性积水影响而形成的，以多年生湿中生、中生或湿生草本为优势种的草地，为隐域性草地类型。可以发生在温带、暖温带、热带和高寒地带具有这种地形和水源的环境中，主要由喜湿耐盐，并具有一定抗旱能力的中生、旱中生禾草、杂类草组成。青海省的低地草甸类草地主要分布在柴达木盆地的冲积平原和洪积平原上，常见优势种为芦苇、赖草、马蔺、大叶白麻。

**8. 山地草甸类**

主要分布在湿润度＞1.0、年降水量＞500 mm 的温性山地，以多年生中生草本植物为优势种的草地。在草原和荒漠地区，随着山地海拔升高所形成中生环境而发生，多与中山森林带共存，或者在森林带之上的亚高山带发育。山地草甸在南方亚热带草山、草坡区也有发生，多分布在灌草丛带之上，温性的、海拔较高的中山地段。植物组成以温性中生禾草与杂类草为主，中生灌木也有较多发育。青海省的山地草甸类草地主要分布于青海东部中山带阳坡坡麓、阴坡、河谷及海西地区的低暖河谷阶地上。植物优势种为垂穗鹅观草、垂穗披碱草、细株短柄草。

**9. 高寒草甸类**

主要分布在湿润度＞1.0、年降水量＞400 mm 的高山（或高原）亚寒带与寒带湿润地区，耐寒多年生中生草本植物为优势种，或有一定数量中生灌丛的草地。高寒草甸类是在高寒湿润气候条件下发育，由寒中生草类组成的草地，土壤为高山草甸土。在我国主要分布于青藏高原东部和东南缘、帕米尔高原、祁连山、阿尔泰山、天山、昆仑山等西部大山的高山带。高寒草甸类是青海省面积最大、分布最为广泛的草地类型，主要优势种为早熟禾、高山嵩草、矮生嵩草、线叶嵩草、黑褐薹草、粗喙薹草、西藏薹草等。

## 二、判别草地类型

草地调查监测中，判别草地类型是核心工作内容。其中草地类和草地型的野外调查判别尤为重要。

### （一）判别草地类

草地类主要依据气候特征和植被特征的一致性来判别。在外业调查中，草地类的判别可采用以下方法进行。

**1. 发生学分析法**

气候以水热条件为核心，是决定草地分布的主要因素。地形和地貌决定了水热的再次分配，也会影响草地类型。地球植被受气候因素影响，呈纬度地带性、经度地带性和垂直地带性分布规律。外业调查时，应根据调查区域的地带性气候资料，结合遥感影像和地形图，初步判定调查区的草地类。例如，在干旱的荒漠气候控制下形成的草地，地带性分布的草地必然是荒漠类。在半干旱气候条件下分布的草地，基本是草原类草地分布的地段。在高海拔寒冷气候条件下，一般分布的是高寒类草地。

在地带性气候影响下，非地带性植被由于地形地貌、地下水等影响，不是固定出现在某一地带性气候带，而是出现在两个以上的地带性气候带。如草甸类，在我国从东部湿润区到西北干旱区，从南方热带到青藏高原高寒气候带都有分布。因此，从气候资料入手，再结合地形、地貌、地下水等因素，就可以初步判别调查区的草地类。

**2. 景观学分析法**

景观是指某一区域地表各种自然现象在空间上相互作用而形成的内部特征相对一致而外部特征差异明显的各种自然综合体。草地是以生长草本或灌木植物为主的自然景观之一。景观学分析法是通过分析草地分布的空间格局来判断草地类的一种方法，主要依据草地类型在空间分布的规律性与景观变化来判别草地类。

如在山地草地调查中，由于水热条件变化，植被呈现垂直带谱格局和景观特征，从低海拔山脚到高海拔山顶，分布有乔木、灌木和草本植被。通过不同植被的景观特征来判定草地类。

知识链接3-3-3

论中国草地的水平分布及其地带性规律

### （二）草地型的判别

草地型的判别采用群落分析法，即通过对区域天然草地群落的调查，分析其优势层的建群种、优势种、共优种，进而确定草地型。

现场调查通常由路线调查与选择代表性样地测定两部分工作内容组成。通过路线调查对所调查区域的草地类型、分布规律有一个大概的认识，初步确定调查区域草地类。选择代表性样地测定是进一步对草地类型特征进行详细观察与测定，通过样地的定性与定量分析，并依据NY/T 2997—2016《草地分类》确定草地型。

知识链接3-3-4

计算优势度判别草地型

- **材料准备**

草地植物群落数量特征调查现场记录表、草地植物群落数量特征统计表、草地类型调查登记表。

- **工具准备**

GNSS 定位仪、罗盘仪、照相机（手机）、计算器、测绳、标示隔离带、铁锹、铁锤、标牌、标桩、样方框、样圆、点测刺针、钢卷尺、皮卷尺、剪草剪刀、戥子称（或电子秤）、草样袋、A4 板夹、铅笔、记号笔等。

- **人员准备**

**任务分工**

| 任务角色 | 任务内容 |
|---|---|
| 组长： | 任务：组织小组成员在草地上实地观察、讨论，分配工作任务，组织完成完成草地类型的判别工作。 |
| 组员 1： | 任务：认真观察所在草地，拍摄草地景观照，组织讨论确定草地的空间位置、地形地势、景观地貌，通过查询专业资料、咨询专业人员等方式获取气候、水文、土壤等方面的信息，判定所处气候带、计算草地湿润度。 |
| 组员 2： | 任务：参与观察、讨论，设置并拍摄样方俯视照，测定样方“四度一量”。 |
| 组员 3： | 任务：参与观察、讨论，设置并拍摄样方俯视照，测定样方“四度一量”。 |
| 组员 4： | 任务：参与观察、讨论，汇总草地植物群落数量特征值，计算各植物种优势度，确定草地建群种、优势种、共优种等，讨论判别草地类型。 |

## 任务筹划

完成草地类型的判别工作，需要筹划以下 5 个方面的事项。

（1）熟悉中国草地分类 9 种草地类、175 个草地型的基本特征及区域分布。

（2）正确对所在草地进行空间定位、判定其地形地势、景观地貌。

（3）能通过各种形式获取气候、水文、土壤等方面的信息。

（4）通过测定“四度一量”获取草地植物群落的数量特征。

（5）综合分析各类信息并对照 NY/T 2997—2016《草地分类》判定样地的草地类型。

## 任务实施

步骤一：在区域天然草地上选择样地，拍摄样地景观照；设置样方，拍摄样方俯视照。

步骤二：测定草地植物群落数量特征指标。

步骤三：汇总草地样方测定数据，计算草地各种植物的优势度。

步骤四：综合分析所有信息，判别区域草地类型。

草地植物群落数量特征统计表

草地类型调查登记表

## 任务总结

________________________________________________________________

________________________________________________________________

________________________________________________________________

________________________________________________________________。

## 任务检测

请扫码答题。

任务检测（上）

任务检测（下）

# 项目四 调查草地基本特征

## 项目导读

人的命脉在田，田的命脉在水，水的命脉在山，山的命脉在土，土的命脉在林和草，这个生命共同体是人类生存发展的物质基础。草地是人类赖以生存的重要可再生绿色资源，是保护生态、发展草牧业、保障食物安全及提高全民健康水平的生产与生活资料，通过对草地资源进行周密细致地调查监测，不仅可以了解当前草地资源的数量与质量及其发展趋势和保护利用中存在的问题与矛盾，而且可以通过这项工作，力求创造与始终保持自然、资源、人口、经济与环境协调和谐的发展状态。

本项目从设置草地调查监测样地样方入手，通过行动导向“六步法”的操作流程，了解样地样方设置和样地基本特征调查的相关知识，熟悉样地基本特征调查监测项目的判定标准，掌握草地调查监测样地样方设置的技能，规范填写相关调查登记表。

## 知识目标

（1）掌握样地和样方的概念。

（2）了解样地和样方的种类及设置要求。

（3）熟悉样地基本特征的判定标准。

## 技能目标

（1）能够合理设置样地和样方。

（2）能够正确判定样地基本特征调查监测项目。

（3）能够规范填写样地基本特征调查表。

## 素养目标

（1）树立安全意识。了解野外工作风险，熟知野外工作安全常识。

（2）提升独立思考能力。能积极学习领悟所学内容，独立思考，灵活运用所学知识解决新的问题。

## 思政目标

（1）培育生态文明意识，以个人实际行动践行生态文明基本要求。

（2）增强民族团结意识，野外工作前做好与调查监测区域权属牧民的交流沟通。

# 任务一　设置样地及样方

### 任务导入

在草地调查监测工作中，我们不可能对整个区域草地进行全面调查监测，而只能抽取一部分进行研究，即取样调查。通过合理选取样地和设置样方，以点带面科学判定草地自然、经济特征是草地调查监测工作最基本的工作内容。

请认真观察所处区域天然草地，根据草地空间分布、地形地貌、草地植物群落等信息，运用草地调查监测样地及样方设置的原则、要求及方法，在天然草地上划定若干个样地，并在每个样地内规范设置若干个样方。

### 任务工单

班级＿＿＿＿＿＿＿＿　姓名＿＿＿＿＿＿＿＿　学号＿＿＿＿＿＿＿＿

| 任务名称 | 设置草地样地及样方 |
|---|---|
| 任务描述 | 根据实际情况，填写本任务的内容、目的、流程和方法。<br>任务内容：＿＿＿＿＿＿＿＿＿＿＿＿＿＿＿＿＿＿＿＿。<br>任务目的：＿＿＿＿＿＿＿＿＿＿＿＿＿＿＿＿＿＿＿＿。<br>任务流程：＿＿＿＿＿＿＿＿＿＿＿＿＿＿＿＿＿＿＿＿。<br>任务方法：＿＿＿＿＿＿＿＿＿＿＿＿＿＿＿＿＿＿＿＿。 |
| 获取信息 | 要完成任务，需要掌握相关的知识。请收集资料，回答以下问题。<br>1. 什么是样地？草地调查监测时，对样地的面积一般有怎样的要求？<br><br>2. 设置样地有哪些要求？要遵循哪些原则？<br><br>3. 选择样地的三种取样方法分别是什么？ |

（续表）

<table>
<tr><td rowspan="2">获取信息</td><td colspan="6">4. 什么是样方？设置样方的原则是什么？</td></tr>
<tr><td colspan="6">5. 草地调查监测时，样方的种类、位置、大小、数量是如何确定的？</td></tr>
<tr><td>制订计划</td><td colspan="6">制订完成本任务的工作计划。</td></tr>
<tr><td rowspan="6">任务实施</td><td colspan="6">按照预先制订的工作计划，完成本任务，并记录任务实施过程。</td></tr>
<tr><td>序号</td><td>完成的任务</td><td colspan="2">遇到的问题</td><td colspan="2">解决办法</td></tr>
<tr><td></td><td></td><td colspan="2"></td><td colspan="2"></td></tr>
<tr><td></td><td></td><td colspan="2"></td><td colspan="2"></td></tr>
<tr><td></td><td></td><td colspan="2"></td><td colspan="2"></td></tr>
<tr><td></td><td></td><td colspan="2"></td><td colspan="2"></td></tr>
<tr><td rowspan="12">任务评价</td><td colspan="6">评价表</td></tr>
<tr><td>项目</td><td>评价内容</td><td>分值</td><td>自评</td><td>互评</td><td>师评</td></tr>
<tr><td rowspan="6">知识技能</td><td>样地设置具有代表性</td><td>10</td><td></td><td></td><td></td></tr>
<tr><td>样地内地貌、植被具有同质性</td><td>10</td><td></td><td></td><td></td></tr>
<tr><td>样地面积控制得当、样地轮廓形状勾绘合理</td><td>15</td><td></td><td></td><td></td></tr>
<tr><td>样方位置设置合理</td><td>10</td><td></td><td></td><td></td></tr>
<tr><td>样方位置间距控制得当</td><td>10</td><td></td><td></td><td></td></tr>
<tr><td>样方大小、形状、数量选用正确</td><td>15</td><td></td><td></td><td></td></tr>
<tr><td>任务进度</td><td>提前完成 10 分；正常完成 7～9 分；超时完成 3～6 分；未完成 0～2 分</td><td>10</td><td></td><td></td><td></td></tr>
<tr><td>任务质量</td><td>整体效果很好为 10 分；较好为 7～9 分；一般为 3～6 分；较差为 0～2 分</td><td>10</td><td></td><td></td><td></td></tr>
<tr><td>素养表现</td><td>有安全防范意识；独立思考，严谨求实</td><td>5</td><td></td><td></td><td></td></tr>
<tr><td>思政表现</td><td>注重生态环保；注重民族团结</td><td>5</td><td></td><td></td><td></td></tr>
</table>

## 任务准备

### • 知识准备

### 一、设置样地

知识链接 4-1-1

样地设置原则及要求

#### （一）样地的概念

样地是指在草地调查监测工作中按一定的取样原则划定的，能够反映草地植物群落基本特征的具有一定面积的草地。

#### （二）取样方法

**1. 典型取样法**

典型取样法也称代表性取样或主观取样法，是指草地调查监测人员按自己的主观判断，在判明被调查草地类型的性质与分布的基础上，在不同类型的草地内，选择认为能够反映草地特征的典型地段设置样地的方法。

典型取样具有省时、省力的特点，是草地调查监测中最常用的一种取样方法。但该取样方法具有主观性，如果样地选择合适可获得可靠的结果，反之则影响调查结果。

**2. 系统取样法**

系统取样法也称等距取样法，是指在调查监测草地上按照相同的间隔等距离设置若干样地的方法（图 4-1-1）。

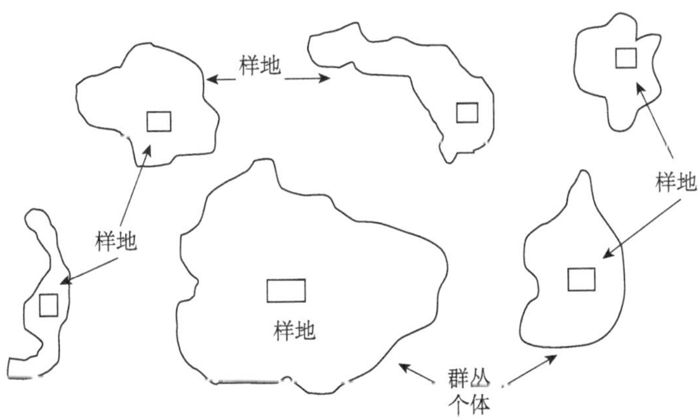


图 4-1-1　系统取样示意图

系统取样步骤如下。

（1）计算取样间距：取样间距 = 总体规模 ÷ 样本规模。例如，所调查的草地类型的总面积是 1 000 $km^2$，设定的样本量是 100 个，则其取样间距为 10 km。

（2）在调查监测草地上随机确定第一个样地，然后沿一定的方向，每隔一个取样间距顺序地选取一个样地。

使用系统选样方法要求各样地必须是随机排列的，否则容易发生较大的偏差，出现非随机的、不具代表性的样地。

知识链接 4-1-2

样地的设置

**3. 随机取样**

随机取样是指每个样地是从调查监测草地总体中随机抽取的，群落的各个部分都有同等概率被抽取作为样地的机会。一般我们在同一种草地类中选择样地，通常采取随机取样的方法。

### （三）样地的大小与数量

草地植被调查监测样地面积一般不小于 100 $hm^2$（1 $km^2$），荒漠植被样地面积可适当扩大。不同草地类型，每个类型至少设置 1 个样地。

## 二、设置样方

### （一）样方的概念

知识链接 4-1-3

样方设置原则及要求

样方是指能够代表样地信息特征的基本采样单元，用于获取样地的基本信息。样方设置要考虑重复性、代表性、随机性等原则。在草地调查监测工作中，不同调查项目可能采用不同的采样单元，如样方、样条、样圆、样段等。

### （二）样方的种类

**1. 按植物高度和株丛幅度划分**

（1）中小草本及小半灌木草地样方：植株高度＜80 cm 的草本或＜50 cm 的小灌木、半灌木（且不形成大株丛）为主的样方。

（2）灌木及高大草本植物草地样方：植株高度≥80 cm 的草本或≥50 cm 的灌木（且数量较多、分布较为均匀）为主的样方。如果灌木或高大草本在视野范围内呈零星或者稀疏分布，不能构成灌木或高大草本层时可忽略不计，只按中小草本及小半灌木草地样方调查监测。

**2. 按草地调查监测目的不同划分**

（1）固定样方：固定样方设置在固定样地中，主要应用在生态工程项目效益监测或定位研究草地生态系统，所设样地一经设置就不能变动，每月、每年的取样工作都在同一样地实施。

（2）随机样方：随机样方是为了反映较大样地的草地资源情况，每次调查监测时根据样方设置原则要求随机设置。

知识链接 4-1-4

样方的设置

**3. 按样方形状划分**

（1）方形样方：一般用来测定植物构成、盖度、产量等。

（2）圆形样方：一般用来测定植物的频度。

（3）线形样方：一般用来测定人工草地植物的越冬返青率。

**4. 按样方功能划分**

（1）记载样方：用于群落特征分析与记载的样方。

（2）测产样方：用于植物生物量测定的样方。

### （三）样方数量

中小草本及小半灌木为主的样地，样方的设置一般不少于 3 个。如样地面积大、地形复杂、生态变异大，还应该增设样方。

灌木及高大草本植物为主的样地，每个样地内至少要设置 1 个测定灌木及高大草本植物的大样方，同时还要在这个大样方中再设 3 个测定中小草本及小半灌木的小样方。

温性荒漠类和高寒荒漠类草地每 6 个样地至少测定 1 组频度样方，其他草地类每 3 个样地测定 1 组频度样方。每组频度样方数量不少于 30 个。

### （四）样方面积

#### 1. 记载样方

用于群落特征分析与记载的样方，草本植物为主的草地设置为 10 m × 10 m 或 10 m × 20 m，荒漠或灌木草丛草地设置为 10 m × 100 m 或 10 m × 150 m。

#### 2. 测产样方

以中小草本及小半灌木为主的样地内，样方的面积一般设置为 1 $m^2$（1 m × 1 m）。若样地植被盖度较大、分布比较均匀，从减少工作量考虑也可设置为 0.5 $m^2$ 或 0.25 $m^2$（1 m × 0.5 m 或 0.5 m × 0.5 m）；若样地植被分布呈斑块状或者较为稀疏，应将样方扩大到 2 $m^2$ 或 4 $m^2$（1 m × 2 m 或 2 m × 2 m）。

以灌木及高大草本植物为主的样地内，测定灌木及高大草本植物的大样方的面积一般设置为 100 $m^2$（若样地中灌木及高大草本植物分布较为均匀或株丛相对较小，从减少工作量考虑也可设置为 50 $m^2$ 或 25 $m^2$）。样方若处于平坦地带，可设置为 10 m × 10 m 的正方形样方；样方若处于山坡地带，可沿坡纵向设置为 20 m × 5 m 的长方形样方，也可设置为半径为 5.65 m 的圆形样方。测定灌木及高大草本下层低矮植被的小样方的设置与中小草本及小半灌木草地样方设置方法相同。

#### 3. 频度样方

草本植物频度调查样方一般采用 0.1 $m^2$ 的样圆（直径为 35.6 cm）。

## 三、森林、草原和湿地调查监测复合样地及样方设置

在《2022 年全国森林、草原、湿地调查监测技术方案》中，森林、草原和湿地调查监测样地设计为一体化的复合样地，由 1 个面积 0.5 $hm^2$ 的圆形样地（半径 40 m）、1 个面积为 0.06～0.08 $hm^2$ 之间的方形（长方形、圆形）样地、3 条 40 m 长的样线、1 个 100 $m^2$ 大样方（10 m × 10 m，视灌木大草本覆盖情况可缩小至 5 m × 5 m）、3 个 4 $m^2$ 小样方（2 m × 2 m）和 3 个 1 $m^2$ 测产小样方组成，如图 4-1-2 所示。其中 0.06～0.08 $hm^2$ 之间的方形（长方形、圆形）样地用于调查乔木林和竹林，100 $m^2$ 大样方用于调查灌木林、林下幼树及大灌木，4 $m^2$ 小样方用于调查草本植物及小灌木，40 m 长的样线主要用于调查草地植被盖度，0.5 $hm^2$ 的圆形样地用

于调查草地类、草地型及相关湿地因子等。

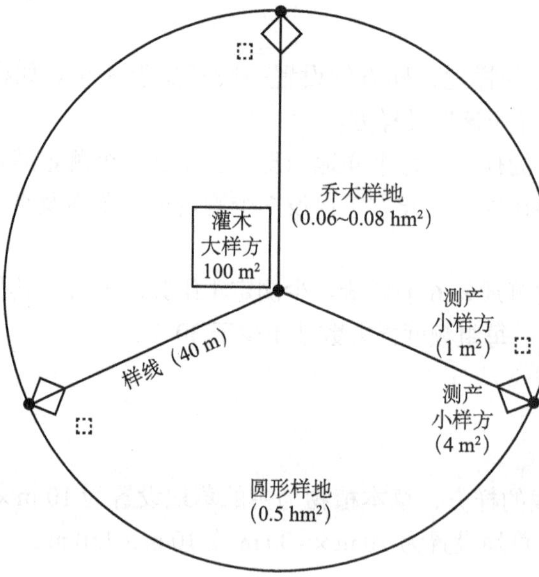


图 4-1-2 森林、草原和湿地调查监测复合样地及样方设置

知识链接 4-1-5

2022年全国森林、草原、湿地调查监测技术规程

知识链接 4-1-6

森林、草原、湿地野外调查监测安全手册

## • 工具准备

GNSS 定位仪、测绳、皮卷尺、标示隔离带、照相机、罗盘仪、样方框、铁锹、铁锤、标牌、标桩、直尺、三角尺、铅笔等。

## • 人员准备

任务分工

| 任务角色 | 任务内容 |
| --- | --- |
| 组长： | 任务：组织小组成员针对天然草地实际场景进行观察、展开讨论，确定工作内容，分配工作任务，完成样地及样方设置任务。 |
| 组员 1： | 任务：参与观察、讨论，咨询专业人员、查询相关资料确定样地草地类型。 |
| 组员 2： | 任务：参与观察、讨论，根据讨论结果在天然草地上利用标桩、警戒隔离带等工具标记出若干样地。 |
| 组员 3： | 任务：参与观察、讨论，根据讨论结果在天然草地上利用样方框等工具标记出若干样方。 |
| 组员 4： | 任务：参与观察、讨论，根据讨论结果完成任务工单的填写工作。 |

## 任务筹划

在天然草地上划定样地、设置样方，需要筹划以下 5 个方面的事项。

（1）观察所处天然草地实际场景，通过咨询、查询方式确定草地类型。

（2）确定选取样地的方法及样地的数量，如典型选样、系统选样或随机选样等。

（3）按照样地设置原则与要求，在天然草地上利用标桩、测绳、警戒隔离带等材料工具实际标定出样地的具体范围。

（4）观察已设置的样地内草地植被基本特征，确定选取样方的种类，如中小草本及小半灌木草地样方或灌木及高大草本植物草地样方。

（5）根据样方设置原则、要求和已选定的样方种类，在样地内利用样方框、标桩、警戒隔离带等材料工具实际标定出样方。

## 任务实施

步骤一：确定草地类型、取样方法及取样数量，设计样地、样方草地区域布置图。

步骤二：在区域天然草地上实地标定样地、样方，拍摄样地景观照、样方俯视照。

样地样方设置记载表

样地景观照及样方俯视照粘贴单

## 任务总结

______________________________________________________________________

______________________________________________________________________。

## 任务检测

请扫码答题。

任务检测（上）

任务检测（下）

# 任务二　调查样地基本特征

## 任务导入

草地调查监测工作中，野外样地选定后，首要工作就是对样地的基本情况、生境特征及草地利用情况进行调查判定并描述记载。

请认真观察已划定的天然草地样地，判定样地的地形地貌、坡向坡位、草地类型、土壤质地、地表特征、利用方式、利用状况等基本特征，规范填写样地基本特征调查表。

## 任务工单

班级________________ 姓名________________ 学号________________

<table>
<tr><td>任务名称</td><td colspan="4">调查样地基本特征</td></tr>
<tr><td>任务描述</td><td colspan="4">根据实际情况，填写本任务的内容、目的、流程和方法。<br>任务内容：________________________________________________。<br>任务目的：________________________________________________。<br>任务流程：________________________________________________。<br>任务方法：________________________________________________。</td></tr>
<tr><td>获取信息</td><td colspan="4">要完成任务，需要掌握相关的知识。请收集资料，回答以下问题。<br>1. 根据我国农业行业标准（NY/T 2997—2016），全国草地划分为多少个类、多少个型？<br><br>2. 如何区分平原、山地、丘陵、高原、盆地这五种地形？<br><br>3. 在野外，如何简易判定土壤质地？<br><br>4. 如何判定草地土壤侵蚀类型？<br><br>5. 草地利用方式和利用状况如何调查？</td></tr>
<tr><td>制订计划</td><td colspan="4">制订完成本任务的工作计划。</td></tr>
<tr><td rowspan="6">任务实施</td><td colspan="4">按照预先制订的工作计划，完成本任务，并记录任务实施过程。</td></tr>
<tr><td>序号</td><td>完成的任务</td><td>遇到的问题</td><td>解决办法</td></tr>
<tr><td></td><td></td><td></td><td></td></tr>
<tr><td></td><td></td><td></td><td></td></tr>
<tr><td></td><td></td><td></td><td></td></tr>
<tr><td></td><td></td><td></td><td></td></tr>
</table>

（续表）

| 任务评价 | 评价表 | | | | | |
|---|---|---|---|---|---|---|
| | 项目 | 评价内容 | 分值 | 自评 | 互评 | 师评 |
| | 知识技能 | 样地景观照拍摄质量 | 10 | | | |
| | | 样地草地类型的判定 | 15 | | | |
| | | 样地地形地貌的判定 | 10 | | | |
| | | 样地土壤质地的判定 | 10 | | | |
| | | 样地地表特征的判定 | 15 | | | |
| | | 样地利用情况的判定 | 10 | | | |
| | 任务进度 | 提前完成 10 分；正常完成 7～9 分；超时完成 3～6 分；未完成 0～2 分 | 10 | | | |
| | 任务质量 | 整体效果很好为 10 分；较好为 7～9 分；一般为 3～6 分；较差为 0～2 分 | 10 | | | |
| | 素养表现 | 观察细致、独立思考，严谨求实，善于沟通 | 5 | | | |
| | 思政表现 | 注重生态环保；注重民族团结 | 5 | | | |

## 任务准备

### • 知识准备

#### 一、样地编号及景观照

样地编号以省（自治区、直辖市）、县（市、区）为单位，按样地选择顺序依次编号，同一个县（市、区）内，样地号不得重复。一般各县（市、区）的固定调查监测样地均有已确定样地编号。

示例：青海湟源 -001、青海湟源 -002……以此类推。青海湟源 -001 代表湟源县草地调查监测 1 号样地。

同一样地，景观照片编号与样地编号相同。

景观照是指最能反映样地特征景物的照片。在样地调查中，至少需要拍摄 1 张样地景观照。景观照取景时一定要体现出样地的地形地貌特征，尽可能采取小光圈、大景深将样地的近、中、远景都拍摄清晰。

#### 二、草地保护建设工程

通过咨询当地相关草原行政管理部门，获得样地所在天然草地实施草地保护建设工程的基本情况，如草地保护建设工程名称、建成时间等。

## 三、地形地貌

知识链接 4-2-1

地形地貌

地形地貌是指地势高低起伏的变化，即地表的形态。根据全球陆地地表的形态状况，可分为以下 5 种基本形态。

### 1. 平原

地面平坦或起伏较小的广阔的平坦地面，海拔一般在 200 m 以下，相对高差在 50 m 左右。

### 2. 山地

按海拔高度、相对高度和坡度来确定，包括 3 种类型。

（1）高山：海拔＞3 000 m，相对高度＞1 000 m 的陡峭山地。

（2）中山：海拔为 1 000～3 000 m，相对高度为 500～1 000 m 的山地。

（3）低山：海拔为 500～1 000 m，相对高度 200～500 m 的平缓山地，与丘陵无明显界线。

### 3. 丘陵

海拔高度＜500 m，相对高度＜200 m，坡度较小。

### 4. 高原

海拔高度＞500 m，地势相对平坦或者有一定起伏的广阔地区。

### 5. 盆地

周围被山岭环绕，中间地势低平，似盆状地貌。在丘陵、山地、高原都有相应的不同构造的盆地。

## 四、坡向坡位

### 1. 坡向

坡向是指坡面法线在水平面上的投影的方向（也可以通俗理解为由高及低的方向）。在草地调查监测中，根据样地范围的地面朝向确定坡向。坡向对于山地及丘陵的日照时数和太阳辐射强度有影响。对于北半球而言，太阳辐射收入南坡最多，其次为东南坡和西南坡，再次为东坡与西坡及东北坡和西北坡，最少为北坡，如图 4-2-1 所示。

### 2. 坡位

坡位是指调查监测样地所在的山坡位置。坡位是影响立地条件尤其是水分条件的重要地形因子，如图 4-2-2 所示。

知识链接 4-2-2

坡向与坡位

坡位一般分为 5 个部分。

（1）坡顶：山脉的分水线及其两侧各下降垂直高度 15 m 的范围。

（2）坡上部。从坡顶以下至山脚范围内的山坡三等分后的最上等分部位。

（3）坡中部：三等分的中坡位。

（4）坡下部：三等分的下坡位。

（5）坡脚：汇水线两侧的谷地。

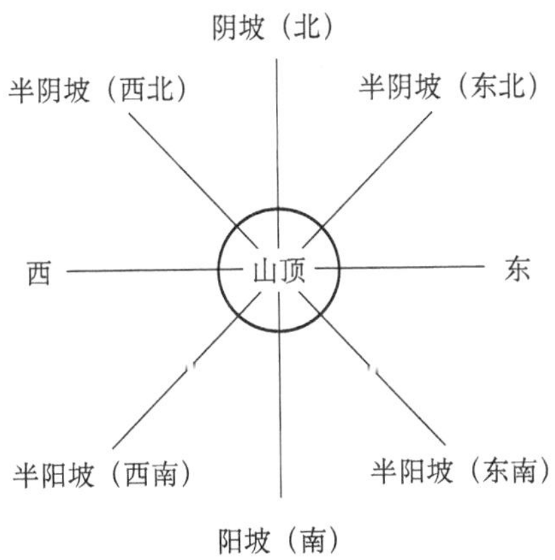


图 4-2-1　坡向示意图

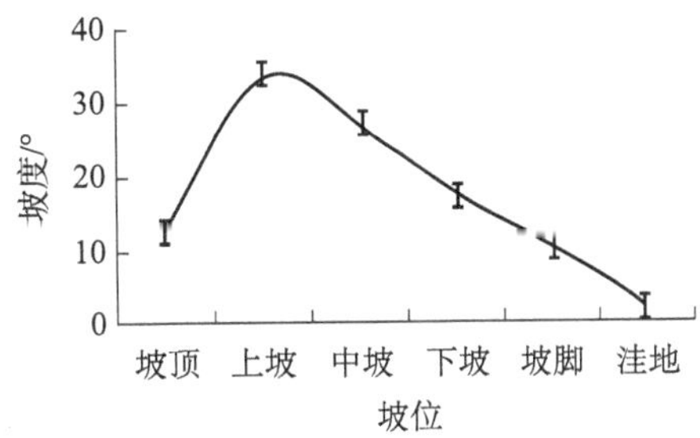


图 4-2-2　坡位示意图

## 五、土壤质地

土壤质地分类标准参照卡庆斯基制土粒分级。

### 1. 沙土

土壤松散，很难保水，无法用手捏成团，用手捏时有很重的沙性感，并发出沙沙声。

### 2. 壤土

土壤孔隙适当、通透性好、保水性好，湿捏无沙沙声，微有沙性感，用手成团后容易散开。

### 3. 砾石质

土壤中砾石含量超过 1% 的土壤。

### 4. 黏土

土壤颗粒小、通透性差、水分不易渗透、容易积水，用手捏成团后不易散开。

### 5. 砂壤土

砂壤土指土壤颗粒组成中黏粒、粉粒、砂粒含量适中，介于壤土与沙土之间的土壤。

### 6. 栗钙土

主要分布在内蒙古高原东部至中南部，呼伦贝尔高原西部、鄂尔多斯高原东部、大兴安岭东南麓平原，以及新疆准噶尔盆地西部山区谷地。栗钙土的天然植被为干草原。

### 7. 浮沙

土壤表面浮有一层沙。

知识链接 4-2-3

田间土壤质地手测法鉴定标准

知识链接 4-2-4

手测土壤质地

## 六、地表特征

**1. 枯落物**

确定地表有无枯枝落叶。

**2. 覆沙**

确定有无由于风积作用在地表造成的沙土堆积。

**3. 盐碱斑**

在土壤盐碱化地区，确定地表有无盐碱斑和龟裂斑。

**4. 裸地面积比例**

裸地面积所占比例的估测，主要用于草地退化、沙化、盐渍化、石漠化状况的判别。

**5. 土壤侵蚀情况**

指由于自然或人为因素而使表层土壤受到破坏的情况。判定地表有无土壤侵蚀主要看是否有植物根系裸露、表层土壤是否移动或流失、有无岛状沙丘、有无雨水冲刷痕迹等。

**6. 土壤侵蚀的原因**

（1）风蚀。一般在降水量较少的西北草地，有植物根系裸露或表层土壤有移动痕迹为风蚀。

知识链接 4-2-5

土壤侵蚀

（2）水蚀。坡度在中坡以上地区或低洼地带，有雨水冲刷痕迹为水蚀。

（3）冻融。由于土壤及其母质孔隙中或岩石裂缝中的水分在冻结时，体积膨胀，使裂隙随之加大、增多导致整块土体或岩石发生碎裂，消融后其抗蚀稳定性大为降低，在重力作用下岩土顺坡向下方产生位移的现象。

（4）超载。地表多牲畜粪便和有蹄类动物践踏痕迹，地表多砂砾石覆盖、裸地比例较大，植物高度、盖度明显下降，一般为超载过牧所致。侵蚀原因以区域实际情况判断。

（5）人为活动。居民点、工矿企业附近，地表裸露面积比例较大，且地表多砂砾石，一般为人为活动所致。

## 七、水分条件

样地所在区域地表有无季节性积水，年平均降水量以当地气象台站记载为准。

## 八、利用状况

指天然草地上家畜放牧和人类活动情况。利用状况以目视观察和访谈调查为准。

**1. 未利用**

指没有被放牧或打草利用的天然草地。

**2. 轻度利用**

放牧较轻，对草地没有造成损害，植被生长发育状况良好。

3. 合理利用

天然草地利用合理，草畜基本平衡，植物生长状况优良。

4. 超载

指天然草地被过度利用，载畜量超过草畜平衡规定，幅度小于 30%，草地有退化迹象，群落的高度盖度下降，多年生牧草比例减少。

知识链接 4-2-6

中国草业泰斗
任继周

5. 严重超载

指天然草地被重度利用，家畜超载幅度大于 30%，草地退化现象严重，草群高度盖度明显下降，优良牧草比例明显减少，一年生或者有害植物增加。

## 九、利用方式

天然草地利用方式要通过对当地牧民或专业人员的访问获得，主要分为以下几种。

1. 全年放牧

全年放牧利用。

2. 冷季放牧

北方一般指冬季和春季放牧，南方一般指冬季放牧。

3. 暖季放牧

牧草生长季节放牧。

4. 春秋放牧

春季和秋季放牧。

5. 禁牧

全年不放牧。

6. 打草场

用于刈割的非放牧草地。

## 十、综合评价

为便于综合评判天然草地的质量，将天然草地质量大体分为以下 3 个级别。

1. 好

天然草地生态系统结构完整，植物种群组成未发生明显变化，植被盖度较高，天然草地退化、沙化、盐渍化不明显。

2. 中

天然草地植被盖度和产草量降低，表土裸露，土壤发生盐渍化。适口性好的、不耐踩踏的牧草品种减少，适口性差的、耐踩踏的牧草品种增加，主要组成种群为矮化杂草以及耐践踏的灌丛。

3. 差

植被盖度和产草量明显降低，表土大面积裸露，土壤盐渍化严重。可食牧草几乎消失，主要组成种群为可食性差的牧草及一年生杂草。

- **材料准备**

样地基本特征调查表。

- **工具准备**

GNSS 定位仪、罗盘仪、A4 板夹、铅笔等。

- **人员准备**

**任务分工**

| 任务角色 | 任务内容 |
|---|---|
| 组长： | 任务：组织小组成员对已划定的样地进行观察，分配工作任务，逐项讨论评判各调查项，完成样地基本特征调查任务。 |
| 组员 1： | 任务：参与观察、讨论，咨询专业人员、查询相关资料判定样地草地类型、了解草地保护与建设工程及水分状况等。 |
| 组员 2： | 任务：参与观察、讨论，多角度拍摄样地景观照片，判定样地所处地形地貌、坡向坡位，手测样地土壤质地，描述样地地表特征等。 |
| 组员 3： | 任务：参与观察、讨论，咨询当地牧民、查询相关资料，确定样地所在行政区域、判定草地利用方式、利用状况等。 |
| 组员 4： | 任务：参与观察、讨论，根据讨论结果完成任务工单、样地基本特征调查表的填写工作。 |

## 任务筹划

完成样地基本特征调查，需要筹划以下 7 个方面的事项。

（1）通过 GNSS 定位、咨询当地牧民等方式，确定样地所在详细行政区域。

（2）细致观察样地，通过咨询专业人员、查询相关资料、讨论评判等方式确定样地草地类型、了解草地保护与建设工程及样地所在区域水分状况。

（3）多角度拍摄样地照片，选能反映样地基本特征的照片作为样地景观照。

（4）通过观察到的地表形态、所处海拔高度，判定样地所处地形地貌，利用罗盘仪确定样地坡向及坡位。

（5）通过野外土壤手测法，确定样地土壤质地。

（6）细致观察样地，评判样地地表特征。

（7）细致观察样地，通过咨询当地牧民、查询相关资料等方式，判定草地利用方式、利用状况，综合评价样地所处天然草地。

## 任务实施

步骤一：规范拍摄样地景观照。

步骤二：判定样地基本特征，填写样地基本特征调查表。

样地基本特征调查表

## 任务总结

________________________________________________________________

________________________________________________________________

________________________________________________________________

________________________________________________________________。

## 任务检测

请扫码答题。

任务检测（上）　任务检测（下）

# 项目五 测定草地植物群落数量特征

## 项目导读

草地兴，则林草兴；林草兴，则生态兴；生态兴，则文明兴。切实加强草地保护建设，提升草地资源的数量和质量，就是守住了绿水青山，也就是守住了金山银山。保护建设草地，首先要真正认识草地，而认识草地，必须要从观察测定草地植物群落特征入手。

本项目从测定草地“四度一量”（盖度、高度、多度、频度及产草量）入手，通过“做中学”，了解草地植物群落基本情况，熟悉草地植物群落数量特征调查流程，掌握草地植物群落数量特征测定方法，具备调查草地植物群落数量特征的技能，初步了解认识草地。

## 知识目标

（1）了解草地植物群落数量特征调查监测内容。

（2）掌握“四度一量”的概念。

（3）掌握“四度一量”的测定方法。

## 技能目标

（1）能够根据不同类型天然草地选用适用的“四度一量”测定方法。

（2）能够测定草地“四度一量”。

（3）能够规范填写相关“四度一量”测定表。

## 素养目标

（1）提升自我管理能力。遵守野外工作纪律，能恰当有效地利用时间，有效地计划并实施，按时完成各项任务。

（2）提升团队合作能力。能认知自己在团队中的角色，主动承担工作任务及责任，遵守各种行为规范和操作规范。

## 思政目标

（1）树立行业标准意识，积极探索，求真务实。

（2）树立分工合作、团结互助意识，学以致用，服务“三农”。

# 任务一　测定盖度

### 任务导入

草地调查监测工作中，样地样方选定后，除了要对样地基本情况与生境特征进行调查外，还要进行草地植物群落数量特征的调查。草地“四度一量”中，盖度是反映草地植被生长的茂密程度、地上生物量的高低以及植被进行光合作用面积的重要指标。

请认真观察天然草地上已设置好的样方内的草地植被，判定并选用合适的测定方法，测定出样方内植物群落的总盖度及各植物种的分盖度，规范填写草地样方盖度测定表。

### 任务工单

班级＿＿＿＿＿＿＿＿　姓名＿＿＿＿＿＿＿＿　学号＿＿＿＿＿＿＿＿

| 任务名称 | 测定盖度 |
| --- | --- |
| 任务描述 | 根据实际情况，填写本任务的内容、目的、流程和方法。<br>任务内容：＿＿＿＿＿＿＿＿＿＿＿＿＿＿＿＿＿＿＿＿＿＿＿＿。<br>任务目的：＿＿＿＿＿＿＿＿＿＿＿＿＿＿＿＿＿＿＿＿＿＿＿＿。<br>任务流程：＿＿＿＿＿＿＿＿＿＿＿＿＿＿＿＿＿＿＿＿＿＿＿＿。<br>任务方法：＿＿＿＿＿＿＿＿＿＿＿＿＿＿＿＿＿＿＿＿＿＿＿＿。 |
| 获取信息 | 要完成任务，需要掌握相关的知识。请收集资料，回答以下问题。<br>1. 盖度的大小体现的是草地植被的什么特征？<br><br>2. 总盖度与分盖度之间有何关系？<br><br>3. 中小草本及小半灌木草地样方与灌木及高大草本样方盖度的测定各采取什么样的测定方法？ |

（续表）

<table>
<tr><td>获取信息</td><td>4. 盖度测定时点测法具体如何操作？<br><br>5. 盖度测定时线测法具体如何操作？</td></tr>
<tr><td>制订计划</td><td>制订完成本任务的工作计划。</td></tr>
<tr><td>任务实施</td><td>按照预先制订的工作计划，完成本任务，并记录任务实施过程。
<table>
<tr><th>序号</th><th>完成的任务</th><th>遇到的问题</th><th>解决办法</th></tr>
<tr><td></td><td></td><td></td><td></td></tr>
<tr><td></td><td></td><td></td><td></td></tr>
<tr><td></td><td></td><td></td><td></td></tr>
<tr><td></td><td></td><td></td><td></td></tr>
</table></td></tr>
<tr><td>任务评价</td><td>
<table>
<tr><th colspan="6">评价表</th></tr>
<tr><th>项目</th><th>评价内容</th><th>分值</th><th>自评</th><th>互评</th><th>师评</th></tr>
<tr><td rowspan="6">知识技能</td><td>植物识别正确</td><td>10</td><td></td><td></td><td></td></tr>
<tr><td>盖度测定方法选用合理</td><td>10</td><td></td><td></td><td></td></tr>
<tr><td>测定流程、步骤正确</td><td>10</td><td></td><td></td><td></td></tr>
<tr><td>操作动作正确规范</td><td>10</td><td></td><td></td><td></td></tr>
<tr><td>记录汇算过程明晰</td><td>10</td><td></td><td></td><td></td></tr>
<tr><td>测定结果准确可靠</td><td>10</td><td></td><td></td><td></td></tr>
<tr><td>任务进度</td><td>提前完成10分；正常完成7～9分；超时完成3～6分；未完成0～2分</td><td>10</td><td></td><td></td><td></td></tr>
<tr><td>任务质量</td><td>整体效果很好为10分；较好为7～9分；一般为3～6分；较差为0～2分</td><td>10</td><td></td><td></td><td></td></tr>
<tr><td>素养表现</td><td>团队配合默契，操作动作规范，观察细致，严谨求实</td><td>15</td><td></td><td></td><td></td></tr>
<tr><td>思政表现</td><td>注重生态环保；体现敬业精神</td><td>5</td><td></td><td></td><td></td></tr>
</table></td></tr>
</table>

## 任务准备

### • 知识准备

#### 一、盖度

盖度也叫作覆盖度，是指草地植物地上部分覆盖地面的程度。通常按植物的植冠（茎、叶、花序等）对样方地面的垂直投影面积占样方面积的百分数（%）表示。

盖度大小反映草地植被生长的茂密程度、地上生物量的高低以及植被进行光合作用的面积。

#### 二、盖度的划分

盖度一般可分总盖度和分盖度。

（1）总盖度指样方中所有植物对样方地面的投影面积占样方面积的百分数。

（2）分盖度也叫种盖度，指样方中某一种植物对样方地面的投影面积占样方面积的百分数。

由于植物枝叶互相重叠，针对同一个草地样方来说，其分盖度的总和通常大于总盖度。

#### 三、盖度的测定方法

**1. 目测法**

通常用于中小草本及小半灌木草地样方总盖度的测定。

测定方法：视线垂直于地面直接观察所设置样方中植物垂直投影情况，目视估测样方中所有植物对样方地面的投影面积占样方面积的百分数，从而得到总盖度。

中小草木及小半灌木草地样方总盖度的目测法只有经过大量训练，熟练以后才能达到一定的精确度。一般要求几次估测误差不能超过5%。

如果刚刚开始学习目视估测，可采用手掌法来协助估测：在1 $m^2$的样方中用自己的手掌比划测算能够放置多少个手掌数，记住这个数字。然后在样方中用自己的手掌去比划有植被覆盖的区域（或没有植被覆盖的区域）手掌数，最后按二者比值可计算出样方的盖度。

假如通过自己的手掌的实际比对，1 $m^2$的样方中能够无重叠容纳的手掌数是50个，然后用手掌比对后发现，在这1 $m^2$的样方中，裸地所占面积为15个手掌数，则意味着有植被覆盖的手掌数是35个，则：

$$总盖度=\frac{35}{50}\times 100\%=70\%$$

**2. 点测法**

点测法也叫针刺法，适用于中小草本及小半灌木草地样方盖度测定。这种方法既可用于测定总盖度，也可用于测定分盖度。

测定方法：在 1 m² 样方框内，借助于钢卷尺和样方框上每隔 10 cm 的标记，用粗约 2 mm 的细针（针越细则得出的结果越准确），按顺序在样方内上下左右间隔 10 cm 的位置从植被的上方垂直向地面下刺 100 次，如果针与植物接触即“有”，如没有接触则算“无”。最后计算“有”的次数，用百分数表示即为盖度。

**3. 线测法**

线测法适用于灌木及高大草本植物盖度测定，既可用于测定总盖度，也可用于测定分盖度。

测定方法：从所设置的大样方中心用测绳在灌丛（或高大草本）的上方水平向四周辐射拉出不少于 6 条、不短于 50 m 长的取样线，用钢卷尺测量株丛在测绳上垂直投影的长度，计算每种灌丛（或高大草本）总投影长度和测绳长度之比，用百分数表示即为每种灌丛（或高大草本）的分盖度。若在测定时不分植物种类，仅考虑植株的垂直投影长度，则计算出的盖度为灌木及高大草本的总盖度。

灌丛（或高大草本）之间如有中小草本植物时，则中小草本层仍用点测法测其盖度，并分别说明灌丛（或高大草本）的盖度和中小草本层的盖度。

灌木及高大草本植物草地样方总盖度并不是灌丛（或高大草本）的盖度和低矮草本的盖度之和，而要用下列公式计算总盖度。

总盖度（%）= 灌丛（或高大草本）盖度 +[1- 灌丛（或高大草本）盖度 ] ×
中小草本盖度

**4. 拍照法**

基于现代摄影摄像技术及计算机软件图像识别功能，自动测算盖度的一种方法。

测定方法：利用手动或无人机垂直拍摄获取被测区域俯视照片，通过计算机或手机软件处理，测算出被测区域总盖度及分盖度。

知识链接 5-1-1

点测法测盖度

知识链接 5-1-2

线测法测盖度

## • 材料准备

中小草本及小半灌木样方盖度测定表，灌丛及高大草本植物盖度测定表。

## • 工具准备

GNSS 定位仪、罗盘仪、照相机（手机）、摄影无人机、草伴侣手机 APP、标本夹、采集杖、测绳、钢卷尺、点测刺针、A4 板夹、铅笔等。

## • 人员准备

**任务分工**

| 任务角色 | 任务内容 |
|---|---|
| 组长： | 任务：组织小组成员对已划定的样方进行观察，判断识别所有植物种。讨论选择合理测定方法，分配工作任务，完成盖度测定任务。 |
| 组员 1： | 任务：参与观察、讨论。拍摄样方俯视照；采集不能现场识别的植物标本，通过查询专业资料、咨询专业人员等方式获取植物名。 |

（续表）

| 任务角色 | 任务内容 |
|---|---|
| 组员 2： | 任务：参与观察、讨论，采用已确定的测定方法，按步骤细致分工协作，完成盖度的测定操作。 |
| 组员 3： | 任务：参与观察、讨论，采用已确定的测定方法，按步骤细致分工协作，完成盖度的测定操作。 |
| 组员 4： | 任务：参与观察、讨论，根据讨论结果完成任务工单、根据测定过程填写草地盖度测定表。 |

## 任务筹划

完成盖度的测定，需要筹划以下 4 个方面的事项。

（1）观察判定草地类型及植物群落结构外貌，合理选择测定盖度的方法。

（2）识别出样地中所有植物，编制出该样地草地植物名录。

（3）根据已选定的测定方法，按步骤细致分工操作，完成测定作业。

（4）根据现场测定记录，准确计算总盖度及分盖度。

## 任务实施

步骤一：判定草地样方类型，实际划定样方，拍摄样方俯视照。

步骤二：测定中小草本及小半灌木草地样方植物分盖度、总盖度。

步骤三：测定灌丛及高大草本草地样方植物分盖度、总盖度。

中小草本及小半灌木草地样方盖度测定表

灌丛及高大草本草地样方盖度测定表

## 任务总结

## 任务检测

请扫码答题。

任务检测（上）

任务检测（下）

# 任务二　测定高度

## 任务导入

草地调查监测工作中，样地样方选定后，除了要对样地基本情况与生境特征进行调查，还要进行草地植物群落数量特征的调查。草地"四度一量"测定中，植物高度也是一项重要的测定指标，高度与产量之间有一定的相关性，能够反映草地的生产能力。

请认真观察天然草地上已设置好的样方内草地植被，根据调查目的及要求，测定出群落高度和分种植物高度，规范填写高度测定表。

## 任务工单

班级＿＿＿＿＿＿＿＿　姓名＿＿＿＿＿＿＿＿　学号＿＿＿＿＿＿＿＿

| 任务名称 | 测定高度 |
| --- | --- |
| 任务描述 | 根据实际情况，填写本任务的内容、目的、流程和方法。<br>任务内容：＿＿＿＿＿＿＿＿＿＿＿＿＿＿＿＿＿＿＿＿＿＿＿＿＿＿＿＿。<br>任务目的：＿＿＿＿＿＿＿＿＿＿＿＿＿＿＿＿＿＿＿＿＿＿＿＿＿＿＿＿。<br>任务流程：＿＿＿＿＿＿＿＿＿＿＿＿＿＿＿＿＿＿＿＿＿＿＿＿＿＿＿＿。<br>任务方法：＿＿＿＿＿＿＿＿＿＿＿＿＿＿＿＿＿＿＿＿＿＿＿＿＿＿＿＿。 |
| 获取信息 | 要完成任务，需要掌握相关的知识。请收集资料，回答以下问题。<br>1. 自然高度与绝对高度有何区别？<br><br>2. 营养枝高度、生殖枝高度指的是什么？<br><br>3. 群落高度、分种植物高度指的是什么？<br><br>4. 草本群落高度的测定具体如何操作？<br><br>5. 灌木群落高度的测定具体如何操作？ |

（续表）

<table>
<tr><td>制订计划</td><td colspan="7">制订完成本任务的工作计划。</td></tr>
<tr><td rowspan="6">任务实施</td><td colspan="7">按照预先制订的工作计划，完成本任务，并记录任务实施过程。</td></tr>
<tr><td>序号</td><td colspan="2">完成的任务</td><td colspan="2">遇到的问题</td><td colspan="2">解决办法</td></tr>
<tr><td></td><td colspan="2"></td><td colspan="2"></td><td colspan="2"></td></tr>
<tr><td></td><td colspan="2"></td><td colspan="2"></td><td colspan="2"></td></tr>
<tr><td></td><td colspan="2"></td><td colspan="2"></td><td colspan="2"></td></tr>
<tr><td></td><td colspan="2"></td><td colspan="2"></td><td colspan="2"></td></tr>
<tr><td rowspan="12">任务评价</td><td colspan="7">评价表</td></tr>
<tr><td colspan="2">项目</td><td>评价内容</td><td>分值</td><td>自评</td><td>互评</td><td>师评</td></tr>
<tr><td colspan="2" rowspan="6">知识技能</td><td>植物群落判定正确</td><td>10</td><td></td><td></td><td></td></tr>
<tr><td>植物识别正确</td><td>10</td><td></td><td></td><td></td></tr>
<tr><td>测定流程、步骤正确</td><td>10</td><td></td><td></td><td></td></tr>
<tr><td>操作动作正确规范</td><td>10</td><td></td><td></td><td></td></tr>
<tr><td>记录汇算过程明晰</td><td>10</td><td></td><td></td><td></td></tr>
<tr><td>测定结果准确可靠</td><td>10</td><td></td><td></td><td></td></tr>
<tr><td colspan="2">任务进度</td><td>提前完成 10 分；正常完成 7～9 分；超时完成 3～6 分；未完成 0～2 分</td><td>10</td><td></td><td></td><td></td></tr>
<tr><td colspan="2">任务质量</td><td>整体效果很好为 10 分；较好为 7～9 分；一般为 3～6 分；较差为 0～2 分</td><td>10</td><td></td><td></td><td></td></tr>
<tr><td colspan="2">素养表现</td><td>团队配合默契，操作动作规范，观察细致，严谨求实</td><td>15</td><td></td><td></td><td></td></tr>
<tr><td colspan="2">思政表现</td><td>注重生态环保；体现敬业精神</td><td>5</td><td></td><td></td><td></td></tr>
</table>

## 任务准备

### • 知识准备

#### 一、高度

高度是指地面与植株被测点的垂直距离。植物的高度与产量之间有一定的相关性，是反映草地生产能力的重要指标。

## 二、高度的划分

### （一）个体高度

**1. 自然高度**

某株植物在自然生长状态时，自地面至植株被测部位最顶端的高度。

**2. 绝对高度**

某株植物在被拉伸伸直状态时，自地面至植株被测部位最顶端的高度，也叫作伸展高度。

**3. 营养枝高度**

某株植物自地面至最高的营养枝（或叶片）最顶端的高度。

**4. 生殖枝高度**

某株植物自地面至最高的生殖枝（或穗、花、果）的最顶端的高度。

**5. 分种植物高度**

样方中某种植物的平均个体高度。

### （二）群落高度

草地植物群落一般可分为草本群落和灌木群落。根据群落垂直结构的成层现象，草本群落可分为灌木层、草本层和地被层等；灌木群落可分为大灌木层、小灌木层、矮小灌木层等。群落高度是指草地群落不同垂直分层中不同植物种的平均高度。

**1. 草本群落高度**

（1）草群平均高度：指在一个待测样方中，草本层中绝大多数优势种（或共优种）自地面至最顶端的自然高度。

（2）叶层平均高度：指在一个待测样方中，草本层中绝大多数优势种（或共优种）自地面至营养枝最顶端的自然高度。

**2. 灌木群落高度**

根据灌木的成层现象，按每个层不同种的灌木，分别测定其地面至灌木最高处的高度，然后各个层平均得出各层的群落高度。

知识链接5-2-1

高度及其测定

## 三、高度的测定方法

### （一）分种植物高度测定

**1. 草本植物高度测定方法**

在样方内每种植物随机选取不少于10株个体，分别用钢卷尺测量其营养枝的自然高度或生殖枝的自然高度，计算其平均值，即可得到不同植物的营养枝平均高度或生殖枝平均高度。

#### 2. 灌木植物高度测定方法

在样方内每种灌木随机选取不少于 10 株个体，分别用钢卷尺测量地面至灌木最高处的自然高度，计算其平均值，即可得到不同灌木的平均高度。对于高于调查人员身高的大型灌木，可用塔尺测量。

如样方内某种植物数量小于 10 株，可在样方外补充测定。

### （二）群落高度测定

#### 1. 草本群落高度

在草地调查监测实际工作中，其测定更偏重于草本层牧草的营养枝自然高度，因为绝大多数草地类型中，地上生物量更多集中在营养枝上。

测定方法：

（1）在样方中随机选取不少于 10 株优势种（或共优种），用钢卷尺测量其每个个体的营养枝的自然高度，然后计算其平均值，即可得到样方中牧草的平均高度。

（2）将测量尺垂直于地面立于样方中，分别从不同方位平视读取绝大多数优势种（或共优种）的叶层集中分布的最顶端的自然高度（突出的少量叶和枝条不予考虑），计算其平均值，也可得到样方中牧草的平均高度。

#### 2. 灌木群落高度

测定方法及步骤：

（1）将灌木按其垂直成层分为大灌木层、小灌木层、矮小灌木层等；

（2）按层分别测定不同种灌木的高度，每种灌木测定不少于 10 株；

（3）按层计算每种灌木的平均高度；

（4）按层计算各种灌木的平均高度，获得灌木群落各层平均高。

## • 材料准备

草本群落分种植物高度测定表、草本群落样方高度测定表、灌木群落分种植物高度测定表、灌木群落样方高度测定表。

## • 工具准备

GNSS 定位仪、罗盘仪、计算器（手机）、钢卷尺、测量尺、塔尺、A4 板夹、铅笔等。

## • 人员准备

**任务分工**

| 任务角色 | 任务内容 |
| --- | --- |
| 组长： | 任务：组织小组成员对已划定的样方进行观察，判断识别所有植物种。讨论确定测定方法，分配工作任务，完成高度测定任务。 |
| 组员 1： | 任务：参与观察、讨论。拍摄样方不同角度平视照；采集不能现场识别的植物标本，通过查询专业资料、咨询专业人员等方式获取植物名。 |

（续表）

| 任务角色 | 任务内容 |
|---|---|
| 组员 2： | 任务：参与观察、讨论，采用已确定的测定方法，按步骤细致分工协作，完成高度的测定操作。 |
| 组员 3： | 任务：参与观察、讨论，采用已确定的测定方法，按步骤细致分工协作，完成高度的测定操作。 |
| 组员 4： | 任务：参与观察、讨论，根据讨论结果完成任务工单、根据测定过程填写高度测定表。 |

## 任务筹划

完成高度的测定，需要筹划以下 4 个方面的事项。

（1）观察判定草地类型及植物群落结构外貌，合理选择测定高度的方法。

（2）识别出样地中所有植物，编制出该样地草地植物名录。

（3）根据已选定的测定方法，按步骤细致分工操作，完成植物高度测定作业。

（4）根据现场测定记录，准确计算分种植物高度及群落高度。

## 任务实施

步骤一：拍摄草地样方平视照。

步骤二：草本群落植物高度测定。

步骤三：灌木群落植物高度测定。

草本群落分种植物高度测定表

草本群落样方高度测定表

灌木群落分种植物高度测定表

灌木群落样方高度测定表

## 任务总结

________________________________________

________________________________________

________________________________________

________________________________________。

## 任务检测

请扫码答题。

任务检测（上）　任务检测（下）

# 任务三　测定多度

## 任务导入

在草地植物群落中，组成群落的各种植物的个体数目有时相差很大。个体数目多，证明群落生境适宜该种植物的生长、发育和繁殖，同时这种植物对群落生境的影响作用较大。草地“四度一量”中，多度（或密度）测定的就是某种植物在草地植物群落中的丰富程度。

请认真观察天然草地上已设置好的样方内草地植被，在样方中利用计数法统计各种植物的数量，依据多度级别的判定标准，评判出样方植物的多度，规范填写草地样方多度（或密度）测定表。

## 任务工单

班级＿＿＿＿＿＿＿＿　姓名＿＿＿＿＿＿＿＿　学号＿＿＿＿＿＿＿＿

| 任务名称 | 测定多度 |
|---|---|
| 任务描述 | 根据实际情况，填写本任务的内容、目的、流程和方法。<br>任务内容:＿＿＿＿＿＿＿＿＿＿＿＿＿＿＿＿＿＿＿＿。<br>任务目的:＿＿＿＿＿＿＿＿＿＿＿＿＿＿＿＿＿＿＿＿。<br>任务流程:＿＿＿＿＿＿＿＿＿＿＿＿＿＿＿＿＿＿＿＿。<br>任务方法:＿＿＿＿＿＿＿＿＿＿＿＿＿＿＿＿＿＿＿＿。 |
| 获取信息 | 要完成任务，需要掌握相关的知识。请收集资料，回答以下问题。<br>1. 某种植物的盖度与多度的区别是什么?<br><br>2. 植物的多度的与密度有何区别? |

（续表）

<table>
<tr><td rowspan="3">获取信息</td><td colspan="6">3. 德氏多度划分为多少级？</td></tr>
<tr><td colspan="6">4. 德氏多度用英文符号表示为哪些级别？</td></tr>
<tr><td colspan="6">5. 多度的测定具体如何操作？</td></tr>
<tr><td>制订计划</td><td colspan="6">制订完成本任务的工作计划。</td></tr>
<tr><td rowspan="6">任务实施</td><td colspan="6">按照预先制订的工作计划，完成本任务，并记录任务实施过程。</td></tr>
<tr><td>序号</td><td>完成的任务</td><td colspan="2">遇到的问题</td><td colspan="2">解决办法</td></tr>
<tr><td></td><td></td><td colspan="2"></td><td colspan="2"></td></tr>
<tr><td></td><td></td><td colspan="2"></td><td colspan="2"></td></tr>
<tr><td></td><td></td><td colspan="2"></td><td colspan="2"></td></tr>
<tr><td></td><td></td><td colspan="2"></td><td colspan="2"></td></tr>
<tr><td rowspan="13">任务评价</td><td colspan="6">评价表</td></tr>
<tr><td>项目</td><td>评价内容</td><td>分值</td><td>自评</td><td>互评</td><td>师评</td></tr>
<tr><td rowspan="6">知识技能</td><td>植物识别正确</td><td>10</td><td></td><td></td><td></td></tr>
<tr><td>植物株丛判定正确</td><td>10</td><td></td><td></td><td></td></tr>
<tr><td>测定流程、步骤正确</td><td>10</td><td></td><td></td><td></td></tr>
<tr><td>操作动作正确规范</td><td>10</td><td></td><td></td><td></td></tr>
<tr><td>记录汇算过程明晰</td><td>10</td><td></td><td></td><td></td></tr>
<tr><td>测定结果准确可靠</td><td>10</td><td></td><td></td><td></td></tr>
<tr><td>任务进度</td><td>提前完成 10 分；正常完成 7～9 分；超时完成 3～6 分；未完成 0～2 分</td><td>10</td><td></td><td></td><td></td></tr>
<tr><td>任务质量</td><td>整体效果很好为 10 分；较好为 7～9 分；一般为 3～6 分；较差为 0～2 分</td><td>10</td><td></td><td></td><td></td></tr>
<tr><td>素养表现</td><td>团队配合默契，操作动作规范，观察细致，计数严谨求实</td><td>15</td><td></td><td></td><td></td></tr>
<tr><td>思政表现</td><td>注重生态环保；体现敬业精神</td><td>5</td><td></td><td></td><td></td></tr>
</table>

## 任务准备

### • 知识准备

#### 一、多度

多度是指在草地样方内，各种植物个体数目的多与少。多度属于一种相对指标。

密度是指单位面积内，各种植物的植株或株丛的数量。密度属于一种绝对指标。

#### 二、多度的级别

多度又称德氏多度，因德鲁捷（Drude）首先应用而得名，有 6 个多度级和 2 个聚生度级，均以植物种为单位，乔、灌、草分层估测。

##### （一）多度级（图 5-3-1）

1. $cop^3$：很多、丰盛，分盖度为 70%～90%。
2. $cop^2$：多，分盖度为 50%～70%。
3. $cop^1$：尚多、常见，分盖度为 30%～50%。
4. sp：少、星散分布，分盖度约为 10% 以上。
5. sol：稀少、个别，分盖度约为 10% 以下。
6. un：单株。

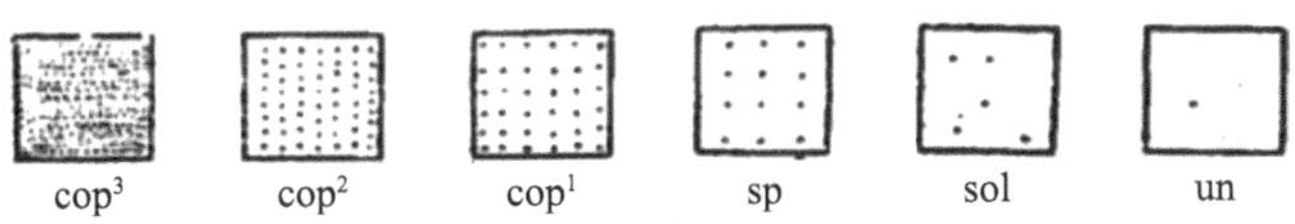


图 5-3-1　多度单位

##### （二）聚生度级（图 5-3-2）

1. soc：表示植株个体互相密接、郁闭、形成背景。
2. gr：表示植株丛生成小团块或小块聚生。

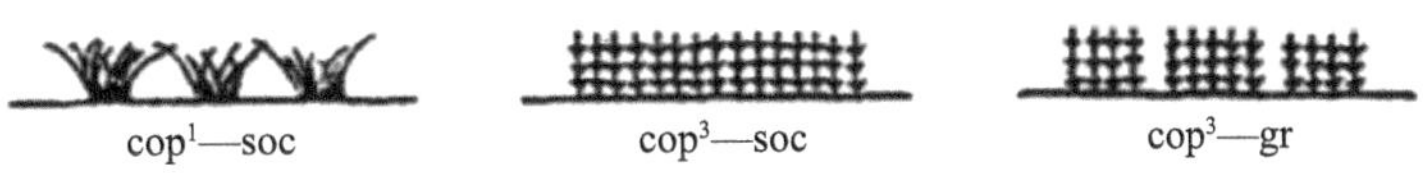


图 5-3-2　聚生度单位

多度和聚生度可以连用，如 $cop^3$.soc—很多且聚成大片；sp.gr—不多但小块聚生。

## 三、多度的测定方法

**1. 多度的测定**

多度测定可采用目测法。在待测样方中仔细目测观察估计各种植物相对数量，依据六级制对样方中的每种植物判定多度级别。如果刚刚开始学习目视估测，可采用计数法来协助估测。

**2. 密度的测定**

采取样方框内记名计数法测定。在待测样方中通过计数的方式数出各种植物的绝对数量。一般禾本科丛生牧草统计丛数，根茎型的只记株数，一年生植物只计个体数。按下列公式计算密度。

$$\text{密度（株/m}^2\text{）}=\frac{\text{样方中某种植物的株数}}{\text{样方面积}}$$

知识链接 5-3-1

多度及其测定

对于以根茎性、密丛型植物为主的草地，可以采用直径 10 cm 的根钻在草地中打钻取出植物，然后带回室内分种登记植物株数，然后除以根钻的面积求出单位面积的植物密度。

对于以灌木为主的草地，测定密度时，分布比较稀疏的灌木以丛数统计，分布比较密的灌木以株数统计。

- **材料准备**

草地样方多度（或密度）测定表。

- **工具准备**

GNSS 定位仪、罗盘仪、照相机（手机）、摄影无人机、手按计数器、根钻、土样袋、A4 板夹、铅笔等。

- **人员准备**

**任务分工**

| 任务角色 | 任务内容 |
| --- | --- |
| 组长： | 任务：组织小组成员对已设置的样方进行观察，判断识别所有植物种。讨论确定测定方法，分配工作任务，完成多度（或密度）测定任务。 |
| 组员 1： | 任务：参与观察、讨论。拍摄样方俯视照；采集不能现场识别的植物标本，通过查询专业资料、咨询专业人员等方式获取植物名。 |
| 组员 2： | 任务：参与观察、讨论，采用已确定的测定方法，按步骤细致分工协作，完成多度（或密度）的测定操作。 |
| 组员 3： | 任务：参与观察、讨论，采用已确定的测定方法，按步骤细致分工协作，完成多度（或密度）的测定操作。 |
| 组员 4： | 任务：参与观察、讨论，根据讨论结果完成任务工单、根据测定过程填写草地样方多度（或密度）测定表。 |

## 任务筹划

完成多度的测定，需要筹划以下 4 个方面的事项。

（1）识别出样方中所有植物，编制出该样方草地植物名录。

（2）观察判定各植物种的分蘖类型，确定每种植物的计数方式。

（3）根据已选定的测定方法，按步骤细致分工操作，完成测定作业。

（4）根据测定记录，准确判定出每种植物的多度（或计算出每种植物的密度）。

## 任务实施

步骤一：拍摄样方俯视照。

步骤二：测定草地样方的多度（或密度）。

草地样方多度（或密度）测定表

## 任务总结

______________________________________________

______________________________________________

______________________________________________。

## 任务检测

请扫码答题。

任务检测（上）　任务检测（下）

# 任务四　测定频度

## 任务导入

草地调查监测工作中，样地样方选定后，除了要对样地基本情况与生境特征进行调查外，还要进行草地植物群落数量特征的调查。草地“四度一量”测定中，频度反映的是某种植物在草地植物群落中分布的均匀程度。

请在天然草地上已划定的样地范围内，依据频度测定方法，测定出分种植物的频度，规范填写草地植物频度测定表。

## 任务工单

班级＿＿＿＿＿＿＿＿ 姓名＿＿＿＿＿＿＿＿ 学号＿＿＿＿＿＿＿＿

<table>
<tr><td>任务名称</td><td colspan="4">测定频度</td></tr>
<tr><td>任务描述</td><td colspan="4">根据实际情况，填写本任务的内容、目的、流程和方法。<br>任务内容：＿＿＿＿＿＿＿＿＿＿＿＿＿＿＿＿。<br>任务目的：＿＿＿＿＿＿＿＿＿＿＿＿＿＿＿＿。<br>任务流程：＿＿＿＿＿＿＿＿＿＿＿＿＿＿＿＿。<br>任务方法：＿＿＿＿＿＿＿＿＿＿＿＿＿＿＿＿。</td></tr>
<tr><td>获取信息</td><td colspan="4">要完成任务，需要掌握相关的知识。请收集资料，回答以下问题。<br>1. 某种植物频度的大小表达出的含义是什么？<br>2. 频度测定时采用的样圆的直径为多少？面积是多大？<br>3. 中小草本植物频度的测定方法是什么？<br>4. 灌木及高大草本频度的测定方法是什么？<br>5. 中小草本植物频度测定具体如何操作？</td></tr>
<tr><td>制订计划</td><td colspan="4">制订完成本任务的工作计划。</td></tr>
<tr><td rowspan="6">任务实施</td><td colspan="4">按照预先制订的工作计划，完成本任务，并记录任务实施过程。</td></tr>
<tr><td>序号</td><td>完成的任务</td><td>遇到的问题</td><td>解决办法</td></tr>
<tr><td></td><td></td><td></td><td></td></tr>
<tr><td></td><td></td><td></td><td></td></tr>
<tr><td></td><td></td><td></td><td></td></tr>
<tr><td></td><td></td><td></td><td></td></tr>
</table>

（续表）

<table>
<tr><td rowspan="11">任务评价</td><td colspan="6">评价表</td></tr>
<tr><td>项目</td><td>评价内容</td><td>分值</td><td>自评</td><td>互评</td><td>师评</td></tr>
<tr><td rowspan="6">知识技能</td><td>植物识别正确</td><td>10</td><td></td><td></td><td></td></tr>
<tr><td>频度测定方法选择正确</td><td>10</td><td></td><td></td><td></td></tr>
<tr><td>测定流程、步骤正确</td><td>10</td><td></td><td></td><td></td></tr>
<tr><td>操作动作正确规范</td><td>10</td><td></td><td></td><td></td></tr>
<tr><td>记录汇算过程明晰</td><td>10</td><td></td><td></td><td></td></tr>
<tr><td>测定结果准确可靠</td><td>10</td><td></td><td></td><td></td></tr>
<tr><td>任务进度</td><td>提前完成10分；正常完成7～9分；超时完成3～6分；未完成0～2分</td><td>10</td><td></td><td></td><td></td></tr>
<tr><td>任务质量</td><td>整体效果很好为10分；较好为7～9分；一般为3～6分；较差为0～2分</td><td>10</td><td></td><td></td><td></td></tr>
<tr><td>素养表现</td><td>团队配合默契，操作动作规范，观察细致，严谨求实</td><td>15</td><td></td><td></td><td></td></tr>
<tr><td></td><td>思政表现</td><td>注重生态环保；体现敬业精神</td><td>5</td><td></td><td></td><td></td></tr>
</table>

## 任务准备

- **知识准备**

### 一、频度

频度是指某个植物种的个体在样地范围内分布得均匀程度。某植物种的频度越高说明该植物种在草地植物群落中分布的越均匀。

### 二、频度的测定方法及步骤

#### （一）草本群落频度的测定

草本群落频度的测定一般采用样圆法。用面积为 0.1 $m^2$ 的样圆（直径为 35.6 cm），在调查样地范围内，随机抛掷样圆 25～50 次（或 100 次），每次在样圆落地后，逐一记录样圆内各种草地植物的有无（仅判定有无，而不考虑该植物种在样圆内个体数量的多少），最后汇总有该植物种出现的样圆数，通过以下频度计算公式计算分种植物的频度。

$$\text{频度}=\frac{\text{某种植物出现的样圆数}}{\text{全部样圆数}}\times 100\%$$

知识链接 5-4-1

样圆法测定频度

若草本群落中分布有小灌木、半灌木或高大草本时，则可以采用面积为 2 $m^2$ 的样圆（或样方）抛掷测定其频度，抛掷重复数可适当缩减。

需要注意的是，在样地中随机抛掷样圆不能集中在一片区域，应该兼顾整个样地的情况，样圆所抛掷之处尽可能覆盖样地。

### （二）灌木群落频度的测定

灌木群落频度的测定可采用网格法或样线法。

#### 1. 网格法

知识链接 5-4-2

网格法测定频度

用 100 米长的 2 条测绳在样地中水平方面上相互纵横交叉移动的方式将样地划分为 100 个网格，统计纵横两条测绳 100 个交叉点上各种灌木出现的次数，最后汇总得到某种灌木出现的次数，通过以下频度计算公式计算分种灌木的频度。

$$\text{频度}=\frac{\text{某种灌木出现在交叉点上的次数}}{\text{全部交叉点数}}\times 100\%$$

采用网格法测定分种灌木频度时要求每个样地至少测定 3 个重复，网格设置区域尽可能代表样地的总体状况。

#### 2. 样线法

知识链接 5-4-3

样线法测定频度

用测绳从样地中心位置向样地一侧拉出，长度为 50 m（或 100 m），统计测绳上每米点位上出现的某种灌木的次数。统计完毕后，将测绳按顺时针旋转 60 度，再一次统计测绳上每米点位上出现的某种灌木的次数。一个样地每次旋转 60 度共设置不少于 6 条样线，汇总统计每米点位上某种灌木出现的总次数，通过以下频度计算公式计算出分种灌木的频度。

$$\text{频度}=\frac{\text{某种灌木出现的次数}}{\text{全部样线点位数}}\times 100\%$$

频度与盖度、多度结合运用，能够较完整地反映该种植物在草地群落中的数量、所占的营养面积和分布状况，因而也就较准确地反映该种植物在样地中的地位和作用。

- **材料准备**

草地植物频度测定表。

- **工具准备**

GNSS 定位仪、罗盘仪、照相机、摄影无人机、样圆、测绳、A4 板夹、铅笔等。

- **人员准备**

**任务分工**

| 任务角色 | 任务内容 |
|---|---|
| 组长： | 任务：组织小组成员对已划定的样地进行观察，判断识别所有植物种。讨论确定测定方法，分配工作任务，完成频度的测定任务。 |
| 组员 1： | 任务：参与观察、讨论。拍摄样地俯视照；采集不能现场识别的植物标本，通过查询专业资料、咨询专业人员等方式获取植物名。 |
| 组员 2： | 任务：参与观察、讨论，采用已确定的测定方法，按步骤细致分工协作，完成频度的测定操作。 |
| 组员 3： | 任务：参与观察、讨论，采用已确定的测定方法，按步骤细致分工协作，完成频度的测定操作。 |
| 组员 4： | 任务：参与观察、讨论，根据讨论结果完成任务工单、根据测定过程填写草地植物频度测定表。 |

## 任务筹划

完成频度的测定，需要筹划以下 4 个方面的事项。

（1）识别出样地中所有植物，编制出该样地草地植物名录。

（2）观察判定草地类型及植物群落结构外貌，合理选择测定频度的方法。

（3）根据已选定的测定方法，按步骤细致分工操作，完成测定作业。

（4）根据测定记录，准确计算出每种植物的频度。

## 任务实施

步骤一：拍摄样地俯视照。

步骤二：测定样地植物频度。

草地植物频度测定表

## 任务总结

## 任务检测

请扫码答题。

任务检测（上）　任务检测（下）

# 任务五　测定产草量

## 任务导入

草地“四度一量”测定中，“一量”指的是产草量或生物量，对于草地畜牧业生产来说，测定产草量的意义远远大于生物量测定。

请在天然草地上已设置的样方内，依据产草量的测定方法，测定草地样方产草量，规范填写草地样方产草量测定表。

## 任务工单

班级________　姓名________　学号________

| 任务名称 | 测定产草量 |
|---|---|
| 任务描述 | 根据实际情况，填写本任务的内容、目的、流程和方法。<br>任务内容：____________________<br>____________________。<br>任务目的：____________________<br>____________________。<br>任务流程：____________________<br>____________________。<br>任务方法：____________________<br>____________________。 |
| 获取信息 | 要完成任务，需要掌握相关的知识。请收集资料，回答以下问题。<br>1. 地上生物量与产草量有何区别？<br><br>2. 产草量测定时，不同草地类型的留茬高度是多少？<br><br>3. 草地植物的经济类群可以分为哪些类型？ |

（续表）

| | |
|---|---|
| 获取信息 | 4. 中小草本及小半灌木草地样方的产草量测定具体如何操作？<br><br>5. 灌木及高大草本植物的产草量测定具体如何操作？ |
| 制订计划 | 制订完成本任务的工作计划。 |
| 任务实施 | 按照预先制订的工作计划，完成本任务，并记录任务实施过程。 |

任务实施

| 序号 | 完成的任务 | 遇到的问题 | 解决办法 |
|---|---|---|---|
| | | | |
| | | | |
| | | | |
| | | | |

任务评价

评价表

| 项目 | 评价内容 | 分值 | 自评 | 互评 | 师评 |
|---|---|---|---|---|---|
| 知识技能 | 植物识别正确 | 10 | | | |
| | 植物群落判定正确 | 5 | | | |
| | 产量测定方法选用正确 | 5 | | | |
| | 测定流程、步骤正确 | 10 | | | |
| | 操作动作正确规范 | 10 | | | |
| | 记录汇算过程明晰 | 10 | | | |
| | 测定结果准确可靠 | 10 | | | |
| 任务进度 | 提前完成10分；正常完成7～9分；超时完成3～6分；未完成0～2分 | 10 | | | |
| 任务质量 | 整体效果很好为10分；较好为7～9分；一般为3～6分；较差为0～2分 | 10 | | | |
| 素养表现 | 团队配合默契，观察细致，动作规范，操作严谨求实 | 15 | | | |
| 思政表现 | 注重生态环保；体现敬业精神 | 5 | | | |

## 任务准备

### • 知识准备

### 一、产草量/生物量

**1. 产草量**

知识链接 5-5-1

草地植物经济类群及其划分

指单位面积的草地在一定的时期内可为草食动物提供可食牧草的质量，也称为牧草的经济产量，是草地经济价值评价的一个重要指标。按经济类群或者按种测得的产草量还可以判断不同植物的优势程度和草地的质量。

**2. 生物量**

草地植物生物量包括地上生物量和地下生物量，它指单位面积的草地在一定时间内植物地上和地下部的质量。

生物量与产草量最主要的区别是对有毒有害植物和植物地下部分是否统计在内。

### 二、产草量的测定方法及步骤

#### （一）中小草本及小半灌木产草量的测定

中小草本及小半灌木的产草量测定采用样方刈割法。即在样方内，将所有植物按经济类群或植物种留茬剪割，分别称重登记鲜重，并装入草样袋做好标记，放置在阴凉处风干后再分别称重，登记风干重。最后通过平均各样方的数据计算获得单位面积草地经济类群或植物种产草量。

利用样方法测定样地产草量，样方的数量一般大于 10 个，一次性测产的时间以草地群落中主要牧草进入盛花期为宜，青海最好是在 8 月上中旬测定。

产草量测定时，要根据草地的类型及该草地上放牧家畜牧食特征决定留茬高度。一般留茬高度为：草甸类贴地剪割，草原类为 3 cm，人工割草地为 6～8 cm；荒漠类草地中的草本植物为 2～3 cm，小半灌木仅剪割家畜可食的直径小于 2 mm 的当年生嫩枝。

#### （二）灌木及高大草本产草量的测定

灌木及高大草本产草量测定一般采取标准株丛法，按以下方法步骤测定。

**1. 株丛分级计数**

将样方中的灌木及高大草本按植物种株丛的大小分为大、中、小 3 级（或大、小 2 级），同时统计样方内不同植物种的各级株丛数。

**2. 剪割标准株丛称取产草量**

分别按植物种、株丛分级剪割有代表性的 3～10 丛标准株丛的可食茎叶，分别称重登记鲜重，并装入草样袋做好标记，放置在阴凉处风干后再分别称重，登记风干重。

### 3. 计算样方内灌木及高大草本产草量

知识链接5-5-2

青海草地植物主要经济类群简述

根据样方内各植物种各标准株丛的产草量及不同植物种的各级株丛数量，通过计算得到单位面积灌木及高大草本产草量。

灌木的剪割，只剪取当地家畜能采食到的、可食的嫩叶及直径在 2 mm 以下的当年嫩枝。高大灌丛的上部，家畜采食不到的不剪割。一般认为，羊不能采食到 1.2 m 以上的灌丛枝叶，牛不能采食到 1.8 m 以上的灌丛枝叶，骆驼不能采食到 3 m 以上的灌丛枝叶。高大草本的剪割的留茬高度为 5～6 cm。

测完鲜重装入草样袋中带回的草样，一定要注意敞口放在阴凉通风处，随时翻动，及时阴干后称重，避免受潮霉烂。后期根据需要还可以对风干草样进行牧草营养成分的测定。

## • 材料准备

中小草本及小半灌木产草量测定表，灌木及高大草本产草量测定表。

## • 工具准备

GNSS 定位仪、罗盘仪、照相机（手机）、摄影无人机、计算器、测绳、标示隔离带、铁锹、铁锤、标牌、标桩、样方框、钢卷尺、皮卷尺、剪草剪刀、戥子称（或电子秤）、草样袋、A4 板夹、铅笔、记号笔等。

## • 人员准备

**任务分工**

| 任务角色 | 任务内容 |
| --- | --- |
| 组长： | 任务：组织小组成员对已设置的样方进行观察，判断识别所有植物种。根据草地植物群落特征讨论确定测定方法，分配工作任务，完成产草量的测定任务。 |
| 组员 1： | 任务：参与观察、讨论。拍摄样方俯视照；采集不能现场识别的植物标本，通过查询专业资料、咨询专业人员等方式获取植物名。 |
| 组员 2： | 任务：参与观察、讨论，采用已确定的测定方法，按步骤细致分工协作，完成产草量的测定操作。 |
| 组员 3： | 任务：参与观察、讨论，采用已确定的测定方法，按步骤细致分工协作，完成产草量的测定操作。 |
| 组员 4： | 任务：参与观察、讨论，根据讨论结果完成任务工单、根据测定过程填写产草量测定表。 |

## 任务筹划

完成产草量的测定，需要筹划以下 4 个方面的事项。

（1）识别出样地中所有植物，编制出该样地草地植物名录或划分经济类群。

（2）观察判定草地类型及植物群落结构外貌，合理选择测定产草量的方法。

（3）根据已选定的测定方法，按步骤细致分工操作，完成测定作业。

（4）根据测定记录，准确计算样地单位面积产草量。

## 任务实施

步骤一：拍摄样方俯视照。

步骤二：测定中小草本及小半灌木草地样方产草量。

步骤三：测定灌木及高大草本草地样方产草量。

中小草本及小半灌木产草量测定表

灌木及高大草本植物产草量测定表

## 任务总结

________________________________________________

________________________________________________

________________________________________________

________________________________________________

________________________________________________。

## 任务检测

请扫码答题。

任务检测（上）

任务检测（下）

# 项目六 调查监测草地第一性生产力

## 项目导读

为进一步加强草地保护修复，加快推进生态文明建设，我们要本着尊重自然、保护优先，科学利用、绿色发展的原则，正确处理保护与利用的关系，在保护好草地生态的基础上，科学利用草地资源，促进草原牧区绿色发展和农牧民增收。

牧草的产量和质量是草地生产力的基础，因此称牧草的生产力为草地第一性（或初级）生产力，它是草地的基础生产力，对评价草地资源具有重要的意义。

本项目从监测草地返青期、草地产草量、草畜平衡入手，通过行动导向“六步法”的操作流程，了解草地产草量、草畜平衡监测相关知识，熟悉草地返青期、产草量、草食家畜补饲情况等调查监测内容及流程，掌握草地样方调查技能，能够测算草地产草量及草食家畜量，判定草畜平衡状况。

## 知识目标

（1）掌握草地产草量、载畜量、草畜平衡等概念。

（2）了解草地返青期、生长盛期、枯黄期、草食家畜补饲等调查监测内容。

（3）熟悉草地样方调查方法。

## 技能目标

（1）能够针对不同时期各类草地，开展草地样方调查监测，规范填写各类调查监测表。

（2）能够正确测算区域草地产草量及草食家畜量。

（3）能够正确测算区域草地草畜平衡状况。

## 素养目标

（1）提升自我管理能力。遵守野外工作纪律，能恰当有效地利用时间，有效地计划并实施，按时完成各项任务。

（2）提升团队合作能力。能认知自己在团队中的角色，主动承担工作任务及责任，尊重他人及其意见，遵从集体决策，遵守各种行为规范和操作规范。

（3）提升交流沟通能力。能主动接触陌生人，通过聆听、交谈、交流等方式获取信息。

## 思政目标

（1）培育生态文明意识，提高生态素养。能尊重自然、爱护自然，践行人与自然和谐、绿色发展，成为具有生态理念、生态情怀和生态技能的生态文明建设者。

（2）根植农牧文化，培育爱农情怀。能发扬农牧文化，懂农牧业、爱农牧民、爱农村牧区，做农牧人、干农牧事，增强投身“三农”的自豪感。

（3）铸牢中华民族共同体意识，引导树立各民族休戚与共、荣辱与共、生死与共、命运与共的共同体理念。

# 任务一　监测草地返青期及枯黄期

## 任务导入

草地返青期、枯黄期监测是根据草地的自然特点、经济特征等对草地春季的返青、秋季的枯黄状况进行地面监测或观测度量，掌握草地返青、枯黄动态规律和确定当地草地返青、枯黄期，为全国草地返青、枯黄期牧草生长状况的监测评价、草畜平衡估测、自然灾害预警等提供基础数据和资料。

请根据草地返青期、枯黄期调查监测的相关要求，在某区域草地临近返青或枯黄时，开展草地返青、枯黄状况的定期调查监测工作，确定区域返青期与枯黄期，规范填写草地返青（枯黄）期调查表。

## 任务工单

班级＿＿＿＿＿＿＿＿　　姓名＿＿＿＿＿＿＿＿　　学号＿＿＿＿＿＿＿＿

| 任务名称 | 监测草地返青（枯黄）期 |
|---|---|
| 任务描述 | 根据实际情况，填写本任务的内容、目的、流程和方法。<br>任务内容：＿＿＿＿＿＿＿＿＿＿＿＿＿＿＿＿。<br>任务目的：＿＿＿＿＿＿＿＿＿＿＿＿＿＿＿＿。<br>任务流程：＿＿＿＿＿＿＿＿＿＿＿＿＿＿＿＿。<br>任务方法：＿＿＿＿＿＿＿＿＿＿＿＿＿＿＿＿。 |

（续表）

<table>
<tr><td>获取信息</td><td>要完成任务，需要掌握相关的知识。请收集资料，回答以下问题。<br>1. 什么是草地返青期、枯黄期？<br><br>2. 针对不同种类的植物个体而言，如何判定其返青期与枯黄期？<br><br>3. 针对区域草地而言，如何如何判定其返青期与枯黄期？<br><br>4. 草地返青期、枯黄期监测工作开始与结束的时间、监测的次数等是如何规定的？</td></tr>
<tr><td>制订计划</td><td>制订完成本任务的工作计划。</td></tr>
<tr><td>任务实施</td><td>按照预先制订的工作计划，完成本任务，并记录任务实施过程。
<table>
<tr><td>序号</td><td>完成的任务</td><td>遇到的问题</td><td>解决办法</td></tr>
<tr><td></td><td></td><td></td><td></td></tr>
<tr><td></td><td></td><td></td><td></td></tr>
<tr><td></td><td></td><td></td><td></td></tr>
<tr><td></td><td></td><td></td><td></td></tr>
</table></td></tr>
<tr><td>任务评价</td><td>
<table>
<tr><td colspan="6">评价表</td></tr>
<tr><td>项目</td><td>评价内容</td><td>分值</td><td>自评</td><td>互评</td><td>师评</td></tr>
<tr><td rowspan="6">知识技能</td><td>样地景观照、样方俯视照拍摄清晰、规范</td><td>10</td><td></td><td></td><td></td></tr>
<tr><td>植物识别正确</td><td>10</td><td></td><td></td><td></td></tr>
<tr><td>植物个体返青（枯黄）状况判定正确</td><td>10</td><td></td><td></td><td></td></tr>
<tr><td>测定流程、步骤正确</td><td>10</td><td></td><td></td><td></td></tr>
<tr><td>操作动作正确规范</td><td>10</td><td></td><td></td><td></td></tr>
<tr><td>草地返青（枯黄）期判定正确</td><td>10</td><td></td><td></td><td></td></tr>
</table></td></tr>
</table>

（续表）

| 任务评价 | 评价表 | | | | | |
|---|---|---|---|---|---|---|
| | 项目 | 评价内容 | 分值 | 自评 | 互评 | 师评 |
| | 任务进度 | 提前完成 10 分；正常完成 7～9 分；超时完成 3～6 分；未完成 0～2 分 | 10 | | | |
| | 任务质量 | 整体效果很好为 10 分；较好为 7～9 分；一般为 3～6 分；较差为 0～2 分 | 10 | | | |
| | 素养表现 | 团队配合默契，观察细致，动作规范，操作严谨求实 | 15 | | | |
| | 思政表现 | 尊重自然、爱护自然，具有生态理念、生态情怀 | 5 | | | |

## 任务准备

- **知识准备**

### 一、草地返青（枯黄）期

**1. 草地返青期**

指草地植物越冬后在春季开始萌发展叶，正常发育的植株占总株（丛）的百分率达到 40%～60%（或返青盖度百分率达 40%～60%）的这一段时期为草地返青期。

**2. 草地枯黄期**

指草地植物到秋季停止生长，植株叶片由绿变黄变枯，枯黄的植株占总株（丛）的百分率达到 40%～60%（或枯黄盖度百分率达 40%～60%）的这一段时期为草地枯黄期。

### 二、草地返青（枯黄）判定标准

#### （一）植物个体的返青

**1. 禾本科草类**

春季越冬植株露出新叶，老叶恢复弹性，由黄转青或播种植株的第一片叶露出地面。

**2. 蝶形花科牧草**

春季越冬植株的叶子变绿，出现新的小叶或播种植株幼苗出土，两片子叶展开。

**3. 莎草科牧草**

莎草科牧草，多为多年生草本。春季越冬植株从根茎长出幼芽露出地面，出现淡绿色叶片。

**4. 杂类草**

杂类草种类多，菊科、藜科、百合科、蔷薇科、伞形科、唇形科等统称为杂类草。杂类草的返青标准同禾本科或蝶形花科。

**5. 灌木、半灌木**

春季植株花芽突起，鳞片开裂，或叶芽露出鲜嫩的小叶。

### （二）草地的返青（枯黄）

草地返青的不同时期利用样方内植物群落的返青（枯黄）株（丛）数占总株（丛）数的百分率，或样方内植物返青（枯黄）盖度占植物总盖度的百分率来区分：

$$\text{返青（枯黄）率}=\frac{\text{进入返青（枯黄）期的牧草株（丛）数}}{\text{牧草总株（丛）数}}\times 100\%$$

$$\text{返青（枯黄）率}=\frac{\text{进入返青（枯黄）期的植物盖度}}{\text{植物总盖度}}\times 100\%$$

知识链接6-1-1

草地返青（枯黄）期调查表的填写

草地返青期判断标准为：当样方内植物开始萌发展叶，正常发育的植株占总株（丛）的百分率达到40%～60%（或返青盖度百分率达40%～60%）。

草地枯黄期判断标准为：当样方内植物停止生长，植株叶片由绿变黄变枯，枯黄的植株占总株（丛）的百分率达到40%～60%（或枯黄盖度百分率达40%～60%）。

## 三、草地返青（枯黄）观测方法

### （一）固定观测

草地返青（枯黄）期监测一般都是在固定观测样地上随机选取若干样方进行。动态监测时间有以下规定。

（1）在当年返青（枯黄）期前15 d开始观测，到草地植被完全返青（枯黄）结束。各地区根据本地草地返青（枯黄）特征和规律具体确定。

（2）逢双日或隔日观测，但旬末日必须进行观测，观测时间一般为下午。

（3）为了对不同年份返青（枯黄）期进行对比分析，每年观测时间基本保持一致。

### （二）非固定观测

除了固定样地观测之外，在设有固定观测样地的县（市），应在草地返青（枯黄）的关键时期，选择非固定样地2～3个（选择原则同固定观测样地），观测草地返青（枯黄）情况。

- **材料准备**

草地返青期调查表、草地枯黄期调查表。

- **工具准备**

GNSS 定位仪、罗盘仪、照相机（手机）、样方框、钢卷尺、点测刺针、A4 板夹、铅笔、记号笔等。

- **人员准备**

**任务分工**

| 任务角色 | 任务内容 |
| --- | --- |
| 组长： | 任务：组织小组成员对已设置的样方进行观察，判断识别所有植物种。根据草地植物及草地返青（枯黄）判定标准，讨论确定返青（枯黄）期盖度测定方法，分配工作任务，完成草地返青（枯黄）的监测任务。 |
| 组员 1： | 任务：参与观察、讨论。拍摄样地景观照及样方俯视照；采集不能现场识别的植物标本，通过查询专业资料、咨询专业人员等方式获取植物名。 |
| 组员 2： | 任务：参与观察、讨论，采用已确定的测定方法，按步骤细致分工协作，完成返青（枯黄）期盖度测定或返青（枯黄）植物株（丛）计数操作。 |
| 组员 3： | 任务：参与观察、讨论，采用已确定的测定方法，按步骤细致分工协作，完成返青（枯黄）期盖度测定或返青（枯黄）植物株（丛）计数操作。 |
| 组员 4： | 任务：参与观察、讨论，根据讨论结果完成任务工单、根据测定过程填写草地返青（枯黄）期调查表。 |

## 任务筹划

完成草地返青（枯黄）期的监测，需要筹划以下 4 个方面的事项。

（1）识别出样方中所有返青（枯黄）植物，编制出草地植物名录。

（2）观察判定草地植物的返青（枯黄）状况，合理选择监测方式方法。

（3）根据已选定的测定方法，按步骤细致分工操作，完成返青（枯黄）期盖度测定或返青（枯黄）植物株（丛）计数操作。

（4）根据动态的测定记录，准确判定草地返青（枯黄）期。

## 任务实施

步骤一：拍摄草地返青（枯黄）期景观照及样方俯视照。

步骤二：调查草地返青（枯黄）期，填写草地返青（枯黄）期调查表。

草地返青期调查表

草地枯黄期调查表

## 任务总结

______________________________________________________________________

______________________________________________________________________。

## 任务检测

请扫码答题。

任务检测（上）　　任务检测（下）

# 任务二　监测中小草本及小半灌木草地

## 任务导入

在草地返青后至草地枯黄前，为及时掌握各阶段草地植被生长状况及草地利用情况，科学评价草地生态状况、利用方式以及相关政策成效，各地区都要定期开展草地调查监测工作，主要是通过样地样方监测草地生产力、植被盖度、高度，以及可食牧草种类等指标。

请根据草地植被生长期调查监测的相关要求，在生长有中小草本及小半灌木草地中划定样地、设置样方，开展草地样方调查监测工作，规范填写中小草本及小半灌木草地样方调查表。

## 任务工单

班级________________　　姓名________________　　学号________________

| 任务名称 | 中小草本及小半灌木草地样方调查 |
|---|---|
| 任务描述 | 根据实际情况，填写本任务的内容、目的、流程和方法。<br>任务内容：________________________________________________<br>________________________________________________________。<br>任务目的：________________________________________________<br>________________________________________________________。<br>任务流程：________________________________________________<br>________________________________________________________。<br>任务方法：________________________________________________<br>________________________________________________________。 |

（续表）

<table>
<tr><td>获取信息</td><td colspan="6">要完成任务，需要掌握相关的知识。请收集资料，回答以下问题。<br>1. 什么是中小草本、小灌木、半灌木？<br>2. 草地植物的经济类群可划分为哪些类型？<br>3. 产草量单位 g/m² 与 kg/hm² 关系是怎样的？<br>4. 草地植物生长期内，样地样方监测主要监测哪些内容？</td></tr>
<tr><td>制订计划</td><td colspan="6">制订完成本任务的工作计划。</td></tr>
<tr><td rowspan="6">任务实施</td><td colspan="6">按照预先制订的工作计划，完成本任务，并记录任务实施过程。</td></tr>
<tr><td>序号</td><td colspan="2">完成的任务</td><td colspan="2">遇到的问题</td><td>解决办法</td></tr>
<tr><td></td><td colspan="2"></td><td colspan="2"></td><td></td></tr>
<tr><td></td><td colspan="2"></td><td colspan="2"></td><td></td></tr>
<tr><td></td><td colspan="2"></td><td colspan="2"></td><td></td></tr>
<tr><td></td><td colspan="2"></td><td colspan="2"></td><td></td></tr>
<tr><td rowspan="8">任务评价</td><td colspan="6">评价表</td></tr>
<tr><td>项目</td><td>评价内容</td><td>分值</td><td>自评</td><td>互评</td><td>师评</td></tr>
<tr><td rowspan="6">知识技能</td><td>样地景观照、样方俯视照拍摄清晰、规范</td><td>10</td><td></td><td></td><td></td></tr>
<tr><td>植物种类识别正确</td><td>10</td><td></td><td></td><td></td></tr>
<tr><td>样方盖度判定准确</td><td>10</td><td></td><td></td><td></td></tr>
<tr><td>样方产量测定准确</td><td>10</td><td></td><td></td><td></td></tr>
<tr><td>操作动作正确规范</td><td>10</td><td></td><td></td><td></td></tr>
<tr><td>样方产量汇算正确</td><td>10</td><td></td><td></td><td></td></tr>
</table>

（续表）

| | 评价表 | | | | | |
|---|---|---|---|---|---|---|
| | 项目 | 评价内容 | 分值 | 自评 | 互评 | 师评 |
| 任务评价 | 任务进度 | 提前完成10分；正常完成7～9分；超时完成3～6分；未完成0～2分 | 10 | | | |
| | 任务质量 | 整体效果很好为10分；较好为7～9分；一般为3～6分；较差为0～2分 | 10 | | | |
| | 素养表现 | 团队配合默契，观察细致，动作规范，操作严谨求实 | 15 | | | |
| | 思政表现 | 尊重自然、爱护自然，具有生态理念、生态情怀 | 5 | | | |

## 任务准备

- **知识准备**

### 一、中小草本及小半灌木草地的判定

知识链接6-2-1

草本、灌木的种类划分

草地上只有中小草本植物、半灌木及矮小灌木，其草本植物高度80 cm以下、半灌木及矮小灌木高度在50 cm以下且没有形成大株丛，没有灌木及高大草本植物分布或者灌木及高大草本植物在视野范围内呈零星或稀疏分布，没有形成灌木层或高大草本层，这样的草地即为中小草本及小半灌木草地。

### 二、样方测定内容及方法

**1. 样方编号**

指样方在样地中的顺序号。如样方编号：青海湟源-001-03-2，表示青海省湟源县001号样地的第三个样方的第二次重复，同一样地内，样方编号不能重复，一般一个样地中设置3～6个样方，而每个样方至少要有3次重复。

**2. 样方面积**

中小草本及小半灌木草地样方布设面积一般为1 m²，若样地植被分布呈斑块状或者较为稀疏，应将样方扩大到2～4 m²。

**3. 样方定位**

样方中心位置的空间定位。用GNSS接收仪（或手机指南针）测定样方的经纬度和海拔高度。经纬度统一用度、分、秒格式。例如，某样方空间定位为：东经101°15′26″，北纬36°41′13″，海拔2 613.4 m。

**4. 样方俯视照及编号**

在样方调查中，每个样方（重复）需要用照相机或手机至少拍摄 1 张清晰的俯视照。俯视照是指在样方中心上方垂直向地面拍摄的照片，涵盖样方整个范围。最好将大屏 GNSS 接收仪（或手机指南针）放到样方中央，以拍清 GNSS 接收仪（或手机指南针）上显示的经纬度为标准拍摄出样方俯视照。拍摄时尽量采用小光圈、大景深，力求样方中的所有植物均能清晰呈现。照片中除样方框及 GNSS 接收仪（或手机指南针）外，不要出现其他物品（如拍摄者的脚、影子等）。

样方俯视照的编号要与样方编号相同。如：青海湟源 -001-03-F2，“F”表示俯视照。

**5. 盖度测定**

测定中小草本及小半灌木草地样方内植被的盖度，测定时采用目测法或点测法。

**6. 草群平均高度**

测量样方内优势牧草枝条或草层叶片集中分布的平均自然高度。

**7. 植物种数**

登记样方内所有植物种的数量。

**8. 主要植物种名**

登记样方内优势种或建群种的规范中文名称，一般登记优良牧草 3～4 种（饲用评价为优等、良等的植物）。

**9. 毒害草种数**

登记样方内毒害草的植物种数量。

**10. 主要毒害草名称**

登记样方内毒害草的规范中文名称。一般登记优势的毒害草 2～3 种。

**11. 产草量测定及计算**

（1）产草量测定。根据调查要求，按经济类群（或植物种）分别剪取相应植株现场称重并登记鲜重。然后分别放入草样袋并填写标签，带回后放置在阴凉处自然风干再称重，登记风干重。在进行草地产草量计算时，也可采用经验性干鲜比来进行风干重的折算。

知识链接 6-2-2

青海省各类草地牧草干鲜比

可食草产量=优良牧草+可食杂类草

总产草量=优良牧草+可食杂类草+不可食草+毒害草

（2）产草量折算。将同一个样地中的若干个样方（或样方重复）的产草量汇总至一张表上来计算样地的单位面积产草量及单位面积可食产草量，最终将其单位 $g/m^2$ 折算为 $kg/hm^2$。

换算关系为：$1\ g/m^2=10\ kg/hm^2$。

**12. 备注项**

主要登记中小草本及小半灌木草地样方调查表中没有体现出来的样方中的其他信息。如优势种的物候期，样方中鼠洞数、虫害状况等。

**注意事项**：在野外填写各项表格时最好用铅笔填写，一方面是有利于填写错误后修改，更主要的是铅笔字迹在野外下雨淋湿后不会洇染，可防止原始调查数据丢失。

- **材料准备**

中小草本及小半灌木草地样方（重复）调查表、中小草本及小半灌木草地样方调查汇总表。

- **工具准备**

GNSS 定位仪、罗盘仪、照相机（手机）、计算器、测绳、标示隔离带、铁锹、铁锤、标牌、标桩、样方框、点测刺针、钢卷尺、皮卷尺、剪草剪刀、戥子称（或电子秤）、草样袋、A4 板夹、铅笔、记号笔等。

- **人员准备**

**任务分工**

| 任务角色 | 任务内容 |
|---|---|
| 组长： | 任务：组织小组成员在中小草本及小半灌木草地上划定样地、设置样方进行观察，讨论确定样方测定方法，分配工作任务，完成样方测定任务。 |
| 组员 1： | 任务：参与观察、讨论。拍摄样地景观照及样方俯视照；采集不能现场识别的植物标本，通过查询专业资料、咨询专业人员等方式获取植物名。 |
| 组员 2： | 任务：参与观察、讨论，采用已确定的测定方法，按步骤细致分工协作，完成中小草本及小半灌木样方各测定项目。 |
| 组员 3： | 任务：参与观察、讨论，采用已确定的测定方法，按步骤细致分工协作，完成中小草本及小半灌木样方各测定项目。 |
| 组员 4： | 任务：参与观察、讨论，根据讨论结果完成任务工单、根据测定过程填写中小草本及小半灌木草地样方调查表。 |

## 任务筹划

完成中小草本及小半灌木草地样方调查，需要筹划以下 6 个方面的事项。

（1）根据调查监测目的、草地植物群落特征，正确划定样地、规范设置样方。

（2）利用 GNSS 定位仪，测定样方所在位置空间定位及海拔高度。

（3）采用目测法或点测法测定样方植被总盖度，测定草群平均高度。

（4）识别样方中所有草地植物，按调查监测目的划分草地经济类群并计种数。

（5）测定样方各经济类群植物产草量。

（6）汇算各样方平均产草量，获得样地单位面积产草量。

## 任务实施

步骤一：划定样地，设置样方，拍摄样地景观照及样方俯视照。

步骤二：中小草本及小半灌木草地样方调查（至少 3 次重复）。

步骤三：中小草本及小半灌木草地样方数据汇总。

中小草本及小半灌木草地样方（重复）调查表

中小草本及小半灌木草地样方调查汇总表

## 任务总结

________________________________________

________________________________________

________________________________________

________________________________________。

## 任务检测

请扫码答题。

任务检测（上）

任务检测（下）

# 任务三　监测灌木及高大草本草地

## 任务导入

在草地返青后至草地枯黄前，为及时掌握各阶段草地植被生长状况及草地利用情况，科学评价草地生态状况、利用方式以及相关政策成效，各地区都要定期开展草地调查监测工作，主要是通过样地样方监测草地生产力、植被盖度、高度以及可食牧草种类等指标。

请根据草地植被生长期调查监测的相关要求，在生长有灌木及高大草本草地中划定样地、设置样方，开展草地样方调查监测工作，规范填写灌木及高大草本草地样方调查表。

## 任务工单

班级＿＿＿＿＿＿＿　姓名＿＿＿＿＿＿＿　学号＿＿＿＿＿＿＿

| 任务名称 | 灌木及高大草本植物草地样方调查 |
|---|---|
| 任务描述 | 根据实际情况，填写本任务的内容、目的、流程和方法。<br>任务内容：＿＿＿＿＿＿＿＿＿＿＿＿＿＿。<br>任务目的：＿＿＿＿＿＿＿＿＿＿＿＿＿＿。<br>任务流程：＿＿＿＿＿＿＿＿＿＿＿＿＿＿。<br>任务方法：＿＿＿＿＿＿＿＿＿＿＿＿＿＿。 |
| 获取信息 | 要完成任务，需要掌握相关的知识。请收集资料，回答以下问题。<br>1. 在草地调查监测中，灌木、大灌木、高大草本是如何划分的？<br>2. 灌木及高大草本植物草地样方调查时，测产样方应该怎样设置？<br>3. 灌木及高大草本植物草地样方的植被总盖度如何计算？<br>4. 灌木及高大草本植物草地样方的产草量如何计算？ |
| 制订计划 | 制订完成本任务的工作计划。 |
| 任务实施 | 按照预先制订的工作计划，完成本任务，并记录任务实施过程。 |

| 序号 | 完成的任务 | 遇到的问题 | 解决办法 |
|---|---|---|---|
| | | | |
| | | | |
| | | | |
| | | | |

（续表）

<table>
<tr><td rowspan="12">任务评价</td><td colspan="6">评价表</td></tr>
<tr><td>项目</td><td>评价内容</td><td>分值</td><td>自评</td><td>互评</td><td>师评</td></tr>
<tr><td rowspan="6">知识技能</td><td>样地景观照、小样方俯视照拍摄清晰、规范</td><td>10</td><td></td><td></td><td></td></tr>
<tr><td>植物种类识别正确</td><td>10</td><td></td><td></td><td></td></tr>
<tr><td>小样方测定流程步骤正确</td><td>10</td><td></td><td></td><td></td></tr>
<tr><td>大样方测定流程步骤正确</td><td>10</td><td></td><td></td><td></td></tr>
<tr><td>各项测定操作动作正确规范</td><td>10</td><td></td><td></td><td></td></tr>
<tr><td>样方各项数据汇算正确</td><td>10</td><td></td><td></td><td></td></tr>
<tr><td>任务进度</td><td>提前完成 10 分；正常完成 7～9 分；超时完成 3～6 分；未完成 0～2 分</td><td>10</td><td></td><td></td><td></td></tr>
<tr><td>任务质量</td><td>整体效果很好为 10 分；较好为 7～9 分；一般为 3～6 分；较差为 0～2 分</td><td>10</td><td></td><td></td><td></td></tr>
<tr><td>素养表现</td><td>团队配合默契，观察细致，动作规范，操作严谨求实</td><td>15</td><td></td><td></td><td></td></tr>
<tr><td>思政表现</td><td>尊重自然、爱护自然，具有生态理念、生态情怀</td><td>5</td><td></td><td></td><td></td></tr>
</table>

## 任务准备

### • 知识准备

#### 一、灌木及高大草本植物草地的判定

草地上草本高度在 80 cm 以上或灌木高度在 50 cm 以上，灌木和高大草本植物形成大株丛，且在样地中普遍分布，这样的草地即为灌木及高大草本植物草地。

#### 二、样方测定内容及方法

在一个样地内一般布设一个 100 $m^2$ 的大样方。在该大样方内要分别测定两类植物群落的相关数据：中小草本及小半灌木植物群落的相关数据和灌木及高大草本植物群落的相关数据。

##### （一）测定中小草本及小半灌木

在 100 $m^2$ 的大样方内，灌木及高大草本植物株丛与株丛中间分布的中小草本及

小半灌木地段，设置不少于 3 个 1 m² 的小样方，测定内容和方法同中小草本及小半灌木草地样方调查方法。测定结果记录于灌木及高大草本植物草地样方调查表，取各样方的平均值作为 100 m² 大样方内中小草本及小半灌木的测定结果。

### （二）测定灌木和高大草本

对 80 cm 以上的高大草本和 50 cm 以上的灌木的测定，采用以下方法步骤进行。

#### 1. 记录株丛名称

记录 100 m² 样方内灌木和高大草本株丛名称。

#### 2. 株丛分级及数量测定

记录大样方内各类灌木和高大草本不同级别株丛的数量。

灌木或高大草本株丛的分级按其丛径（冠幅直径）大小来划分，可划分为大、中、小三类。如将丛径为 100 cm 以上的划为大丛，50～100 cm 划为中丛，50 cm 以下划为小丛。当样地中灌丛大小较为均一，冠幅直径相差不足 10%～20% 时，可以不分类，也可以只分为大、小两类，并分别记数。

#### 3. 丛径测量

分别选取有代表性的大、中、小标准株各 1 丛，测量其丛径（冠幅直径）。

#### 4. 灌木及高大草本覆盖面积计算

灌丛面积按圆面积计算。

某种灌木覆盖面积 = 该灌木大株丛面积 × 大株丛数 + 中株丛面积 × 中株丛数 + 小株丛面积 × 小株丛数。

灌木覆盖总面积 = 各类灌木覆盖面积之和。

#### 5. 灌木及高大草本产草量计算

灌木及高大草本植物产草量鲜重、风干重只测可食部分。分别剪取大样方内某一灌木及高大草本大、中、小标准株丛的当年枝条并称重，得到该灌木及高大草本大、中、小株丛标准重量。

某种灌木鲜重（g）= 大株丛鲜重 × 大株丛数 + 中株丛鲜重 × 中株丛数 + 小株丛鲜重 × 小株丛数。

灌木总鲜重（g）= 各类灌木鲜重之和。

按各种灌木及大小株丛将剪下的鲜草装袋，并标明样品的所属样地及样方号、植物名称、样品鲜重等，待自然风干后再测其风干重。将样方（100 m²）内的所有灌木和高大草本的产草量鲜重和干重汇总得到总灌木或高大草本产草量，并分别折算成单位面积的重量。

#### 6. 样方（100 m²）内总产草量计算

样方内总产草量包括中小草本及小半灌木重量和灌木及高大草本重量，均要先折合成每公顷的产草量。

总产草量（g）= 中小草本及小半灌木平均产草量（g/m²）×［100 - 灌木覆盖面积（m²）］+ 灌木及高大草本产草量（g）

- **材料准备**

灌木及高大草本植物草地样方调查表。

- **工具准备**

GNSS 定位仪、罗盘仪、照相机（手机）、计算器、测绳、标示隔离带、铁锹、铁锤、标牌、标桩、样方框、点测刺针、钢卷尺、皮卷尺、剪草剪刀、戥子称（或电子秤）、草样袋、A4 板夹、铅笔、记号笔等。

- **人员准备**

**任务分工**

| 任务角色 | 任务内容 |
| --- | --- |
| 组长： | 任务：组织小组成员在灌木及高大草本植物草地上划定样地、设置大小两种样方进行观察，讨论确定样方测定方法，分配工作任务，完成样方测定任务。 |
| 组员 1： | 任务：参与观察、讨论。拍摄样地景观照及小样方俯视照；采集不能现场识别的植物标本，通过查询专业资料、咨询专业人员等方式获取植物名。 |
| 组员 2： | 任务：参与观察、讨论，采用已确定的测定方法，按步骤细致分工协作，完成灌木及高大草本草地上小样方各测定项目。 |
| 组员 3： | 任务：参与观察、讨论，采用已确定的测定方法，按步骤细致分工协作，完成灌木及高大草本草地上大样方各测定项目。 |
| 组员 4： | 任务：参与观察、讨论，根据讨论结果完成任务工单、根据测定过程填写灌木及高大草本植物草地样方调查表。 |

## 任务筹划

完成灌木及高大草本草地样方调查，需要筹划以下 6 个方面的事项。

（1）正确划定样地、规范设置大小样方。

（2）利用 GNSS 定位仪，测定样方所在位置空间定位及海拔高度。

（3）测定 3 个中小草本及小半灌木样方的种数、盖度、草群高度、产草量等测定项。

（4）测定灌木及高大草本的株丛数、丛径、数量、产草量、高度等测定项。

（5）汇算中小草本及小半灌木平均产草量、灌木及高大草本产草量等。

（6）计算灌木及高大草本植物样地植被总盖度、单位面积产草量。

## 任务实施

步骤一：划定样地，设置样方，拍摄样地景观照及样方俯视照。

步骤二：灌木及高大草本植物草地样方调查及汇总。

灌木及高大草本植物草地样方调查表

## 任务总结

______________________________________________

______________________________________________

______________________________________________

______________________________________________

______________________________________________

______________________________________________

______________________________________________。

## 任务检测

请扫码答题。

任务检测（上）　任务检测（下）

# 任务四　调查草食家畜数量及补饲情况

## 任务导入

草地资源调查监测工作，涵盖草地资源与生态的自然状况调查监测和社会经济状况调查监测两个方面的内容。社会经济状况是指监测区域内最基本的人口、牲畜种类、数量、草地利用状况以及收入等最基本的数据，这些数据对于分析监测区域内草畜平衡状况、草地保护与建设工程实施后的成效等有着重要意义。

请采用入户访问调查的方式，调查区域牧户草食家畜及其饲料结构状况，规范填写草食家畜数量及补饲情况调查表，汇算区域草食家畜数量及补饲量，为区域草畜平衡状况的测算做好基础数据的准备。

## 任务工单

班级＿＿＿＿＿＿＿ 姓名＿＿＿＿＿＿＿ 学号＿＿＿＿＿＿＿

<table>
<tr><td>任务名称</td><td colspan="4">草食家畜数量及补饲情况调查</td></tr>
<tr><td>任务描述</td><td colspan="4">根据实际情况，填写本任务的内容、目的、流程和方法。<br>任务内容：＿＿＿＿＿＿＿＿＿＿＿＿＿＿＿＿＿＿＿＿＿＿＿＿。<br>任务目的：＿＿＿＿＿＿＿＿＿＿＿＿＿＿＿＿＿＿＿＿＿＿＿＿。<br>任务流程：＿＿＿＿＿＿＿＿＿＿＿＿＿＿＿＿＿＿＿＿＿＿＿＿。<br>任务方法：＿＿＿＿＿＿＿＿＿＿＿＿＿＿＿＿＿＿＿＿＿＿＿＿。</td></tr>
<tr><td>获取信息</td><td colspan="4">要完成任务，需要掌握相关的知识。请收集资料，回答以下问题。<br>1. 在草地资源调查监测工作中，为什么要进行牧户访问调查？<br>2. 入户访问调查时，访问者应该具有怎样的行为举止才不会被受访者拒之门外？<br>3. 入户访问调查时，如何才能得到真实的调查数据？<br>4. 在草食家畜数量及补饲情况调查时，粮食补饲量指的是什么？</td></tr>
<tr><td>制订计划</td><td colspan="4">制订完成本任务的工作计划。</td></tr>
<tr><td rowspan="6">任务实施</td><td colspan="4">按照预先制订的工作计划，完成本任务，并记录任务实施过程。</td></tr>
<tr><td>序号</td><td>完成的任务</td><td>遇到的问题</td><td>解决办法</td></tr>
<tr><td></td><td></td><td></td><td></td></tr>
<tr><td></td><td></td><td></td><td></td></tr>
<tr><td></td><td></td><td></td><td></td></tr>
<tr><td></td><td></td><td></td><td></td></tr>
</table>

（续表）

| 任务评价 | 评价表 | | | | | |
|---|---|---|---|---|---|---|
| | 项目 | 评价内容 | 分值 | 自评 | 互评 | 师评 |
| | 知识技能 | 模拟访问调查 | 10 | | | |
| | | 电话、微信访问调查 | 10 | | | |
| | | 真实入户访问调查 | 20 | | | |
| | | 分户草食家畜数量及补饲情况统计汇总 | 10 | | | |
| | | 区域草食家畜数量及补饲情况统计汇总 | 10 | | | |
| | 任务进度 | 提前完成10分；正常完成7～9分；超时完成3～6分；未完成0～2分 | 10 | | | |
| | 任务质量 | 整体效果很好为10分；较好为7～9分；一般为3～6分；较差为0～2分 | 10 | | | |
| | 素养表现 | 团队配合默契，行为举止礼貌大方，问题引导严谨求实，协助计算真实可靠 | 15 | | | |
| | 思政表现 | 尊重民族习惯，注重民族团结 | 5 | | | |

## 任务准备

### • 知识准备

#### 一、草食家畜数量及补饲情况调查方式

草食家畜数量及补饲情况调查属于草地资源与生态社会经济状况调查监测项目。主要是通过入户访问调查的方式获取区域草食家畜数量及饲料结构状况，用以分析区域草畜平衡状况。

#### 二、草食家畜数量及补饲情况调查内容

**1. 人工草地调查**

调查区域人工草地面积和产草量，产草量折算为风干草产量。

**2. 秸秆补饲调查**

调查区域和典型牧户农作物秸秆用于牲畜饲料的数量。

**3. 青贮饲料量**

调查用于饲喂牲畜的青贮玉米或其他青贮饲料的数量。

**4. 粮食补饲量**

调查青稞、燕麦、玉米、豆类、商品饲料等用于补饲的数量。

**5. 补饲总天数**

指一年内补饲时间折合的总天数。

**6. 放牧天数**

一年内放牧时间的总天数。

冷季放牧天数 + 暖季放牧天数 + 补饲总天数 = 365 天。

**7. 主要草食家畜**

调查区域养殖的主要草食家畜的种类、数量等。

**8. 其他草食家畜**

除当地常见的草食牲畜以外的养殖的其他草食牲畜，如鹅、兔等。

## 三、草食家畜数量及补饲情况调查步骤

知识链接 6-4-1

草地资源调查监测工作中的入户访问式调查

### (一) 以户为单位进行调查

根据草食家畜数量及补饲情况入户调查表所列的调查内容，入户访问调查草食家畜数量及补饲情况。调查时所选择的牧户要有代表性，既能代表不同的区域（牧区、半农半牧区、农区），又能代表不同的养殖规模（大、中、小），还能代表不同的养殖方式（放牧、舍饲和半舍饲）。

### (二) 以行政区为单位进行调查

根据草食家畜数量及补饲情况统计表所列内容，调查并汇算村级、乡级、县级草食家畜数量及补饲情况，用于不同行政区域的草畜平衡状况的评价。

- **材料准备**

草食家畜数量及补饲情况入户调查表、草食家畜数量及补饲情况统计表。

- **工具准备**

A4 板夹、调查表、笔、小礼品等。

- **人员准备**

**任务分工**

| 任务角色 | 任务内容 |
|---|---|
| 组长： | 任务：组织小组成员讨论确定调查内容、分配工作任务，协调组员分户访问调查，汇总完成草食家畜数量及补饲情况调查数据。 |

（续表）

| 任务角色 | 任务内容 |
|---|---|
| 组员 1： | 任务：入户访问调查，获取牧户户主姓名、家庭人口、作物（饲草）种植面积、产量、承包草地面积、草食家畜种类及数量等调查信息。 |
| 组员 2： | 任务：入户访问调查，获取牧户户主姓名、家庭人口、作物（饲草）种植面积、产量、承包草地面积、草食家畜种类及数量等调查信息。 |
| 组员 3： | 任务：入户访问调查，获取牧户户主姓名、家庭人口、作物（饲草）种植面积、产量、承包草地面积、草食家畜种类及数量等调查信息。 |
| 组员 4： | 任务：入户访问调查，获取牧户户主姓名、家庭人口、作物（饲草）种植面积、产量、承包草地面积、草食家畜种类及数量等调查信息。 |

## 任务筹划

完成草食家畜数量及补饲情况调查，需要筹划以下 4 个方面的事项。

（1）正确理解各类调查表格调查项目，能够以被访问对象理解的话语提问。

（2）通过适当方式进行入户访问调查训练，以应对真实入户访问调查时可能出现的各种情况。

（3）正式入户访问调查，协助牧户进行相关调查数据的计算，填写草食家畜数量及补饲情况入户调查表。

（4）汇总草食家畜数量及补饲情况入户调查表相关数据，计算区域草食家畜数量及填写补饲情况统计表。

## 任务实施

步骤一：根据入户访问式调查的方法与技巧，学员们相互间模拟入户访问式调查，了解对方家庭、生活、生产等各方面情况并记录。

步骤二：调查区域草地牧户草食家畜数量及家畜补饲情况。

步骤三：登记、汇总村（社）级草食家畜数量及补饲情况。

步骤四：登记、汇总乡（镇）级草食家畜数量及补饲情况。

草食家畜数量及补饲情况入户调查表

分户草食家畜数量及补饲情况统计表

县级草食家畜数量及补饲情况统计表

## 任务总结

______________________________________________________________

______________________________________________________________

______________________________________________________________。

## 任务检测

请扫码答题。

任务检测（上）　任务检测（下）

# 任务五　测算区域草地产草量

## 任务导入

在实际的草地调查监测工作中，一般以县（市）为单位在全县范围内的不同类的草地上设置若干个样地进行草地样方调查监测，以获取草地资源及生态相关监测数据资料。对于草地畜牧业生产来说，不可食杂类草及毒草的产量是无效的，故在生产中最主要的统计指标就是可食牧草的产草量。

请根据某县各类草地样方产草量测定值及各类草地可利用面积，进行该县各草地类单位面积产草量及全县产草量的计算。

## 任务工单

班级＿＿＿＿＿＿＿＿　姓名＿＿＿＿＿＿＿＿　学号＿＿＿＿＿＿＿＿

| 任务名称 | 测算区域草地产草量 |
| --- | --- |
| 任务描述 | 根据实际情况，填写本任务的内容、目的、流程和方法。<br>任务内容：＿＿＿＿＿＿＿＿＿＿＿＿＿＿＿＿＿＿＿＿<br>＿＿＿＿＿＿＿＿＿＿＿＿＿＿＿＿＿＿＿＿＿＿＿＿。<br>任务目的：＿＿＿＿＿＿＿＿＿＿＿＿＿＿＿＿＿＿＿＿<br>＿＿＿＿＿＿＿＿＿＿＿＿＿＿＿＿＿＿＿＿＿＿＿＿。<br>任务流程：＿＿＿＿＿＿＿＿＿＿＿＿＿＿＿＿＿＿＿＿<br>＿＿＿＿＿＿＿＿＿＿＿＿＿＿＿＿＿＿＿＿＿＿＿＿。<br>任务方法：＿＿＿＿＿＿＿＿＿＿＿＿＿＿＿＿＿＿＿＿<br>＿＿＿＿＿＿＿＿＿＿＿＿＿＿＿＿＿＿＿＿＿＿＿＿。 |

（续表）

**获取信息**

要完成任务，需要掌握相关的知识。请收集资料，回答以下问题。

1. 什么是算术平均数、什么是加权平均数？

2. 什么是风干草、什么是标准干草？

3. 请换算出以下单位：

1 $hm^2$=（　　）亩　　1 $hm^2$=（　　）$m^2$　　1 t =（　　）kg

1 $g/m^2$=（　　）$kg/hm^2$　　1 kg/亩 =（　　）$kg/hm^2$

4. 干鲜比折算系数、标准干草折算系数是用来干什么的？

5. 测算区域总产草量时为什么要考虑不同月份的产草量校正、再生草的产草量校正、年度间的产草量校正等问题？

**制订计划**

制订完成本任务的工作计划。

**任务实施**

按照预先制订的工作计划，完成本任务，并记录任务实施过程。

| 序号 | 完成的任务 | 遇到的问题 | 解决办法 |
|---|---|---|---|
| | | | |
| | | | |
| | | | |
| | | | |

**任务评价**

评价表

| 项目 | 评价内容 | 分值 | 自评 | 互评 | 师评 |
|---|---|---|---|---|---|
| 知识技能 | 认知草地样方产草量汇总表 | 10 | | | |
| | 正确计算各样方产草量 | 10 | | | |
| | 正确计算各样地单位面积产草量 | 10 | | | |
| | 正确计算不同草地类单位面积产草量 | 20 | | | |
| | 正确计算区域草地单位面积可食牧草产草量及可利用标准干草量 | 10 | | | |

（续表）

| 任务评价 | 评价表 | | | | | |
|---|---|---|---|---|---|---|
| | 项目 | 评价内容 | 分值 | 自评 | 互评 | 师评 |
| | 任务进度 | 提前完成 10 分；正常完成 7～9 分；超时完成 3～6 分；未完成 0～2 分 | 10 | | | |
| | 任务质量 | 整体效果很好为 10 分；较好为 7～9 分；一般为 3～6 分；较差为 0～2 分 | 10 | | | |
| | 素养表现 | 团队分工明确，配合默契，计算严谨求实，结果真实可靠 | 15 | | | |
| | 思政表现 | 热爱草业、研究草业、服务草业，“三农”情怀 | 5 | | | |

## 任务准备

### • 知识准备

### 一、鲜草、风干草、标准干草的概念

**1. 鲜草**

在草地样方调查时所剪割的正常生长的草地植物，因其新鲜、含水量较高，故称之为鲜草。剪割下来的鲜草当场称重所得，称为鲜草重或鲜重。

**2. 风干草**

鲜草完成鲜重测定后装入草样袋，放在阴凉通风处风干后就叫作风干草，其重量称为风干重。

在草地调查监测工作中，风干草的重量也可以通过干鲜比折算系数来得到。

风干重 = 鲜重 × 干鲜比折算系数

干鲜比折算系数是草业工作者是在不同地区、不同类型草地上通过大量地取样测定所得出的经验值（表 6-5-1），具有一定的可靠性。因为草地调查监测不仅局限于地面调查，还包括遥感监测，遥感模型所得的区域产草量鲜重只能通过干鲜比折算系数来计算出区域产草量风干重。

知识链接 6-5-1

青海省各类草地牧草干鲜比

表 6-5-1　不同草地类型的干鲜比折算系数

| 草地类型 | 干鲜比折算系数 | 草地类型 | 干鲜比折算系数 |
|---|---|---|---|
| 高寒草甸类 | 1∶3.2 | 温性草甸草原类 | 1∶3.2 |

（续表）

| 草地类型 | 干鲜比折算系数 | 草地类型 | 干鲜比折算系数 |
|---|---|---|---|
| 高寒草甸草原类 | 1：3.2 | 温性草原类 | 1：3 |
| 高寒草原类 | 1：3 | 温性荒漠草原类 | 1：2.7 |
| 高寒荒漠草原类 | 1：2.7 | 温性草原化荒漠类 | 1：2.5 |
| 高寒荒漠类 | 1：2.5 | 温性荒漠类 | 1：2.5 |
| 暖性草丛类 | 1：3.2 | 山地草甸类 | 1：3.5 |
| 暖性灌草丛类 | 1：3.2 | 低地草甸类 | 1：3.5 |
| 热性草丛类 | 1：3.2 | 沼泽类 | 1：4 |
| 热性灌草丛类 | 1：3.2 | 改良草地 | 1：3.2 |
| 干热稀树灌草丛类 | 1：3.2 | | |

注：资料来源于《中国草地资源》。

知识链接6-5-2

青海省不同类型草地牧草标准干草折算系数

### 3. 标准干草

生物量达到最高月产量时，收割的以禾本科、莎草科牧草为主的含水量为14%的干草称标准干草。鲜草经过风干后（或通过干鲜比折合）得到风干重，但因为不同地区、不同品质的草地牧草，其风干草的含水量不同，故在计算区域产草量时还须将风干草重依据标准干草折算系数折合成含等量营养物质的标准干草重量（表6-5-2）。

**表6-5-2　不同类型草地牧草折合成标准干草的折算系数**

| 草地类型 | 标准干草折算系数 | 草地类型 | 标准干草折算系数 |
|---|---|---|---|
| 禾草温性草原和山地草甸 | 1.00 | 禾草高寒草甸 | 1.05 |
| 暖性草丛、灌草丛草地 | 0.85 | 禾草低地草甸 | 0.95 |
| 热性草丛、灌草丛草地 | 0.80 | 杂类草高寒草地和荒漠草地 | 0.90 |
| 嵩草高寒草甸 | 1.00 | 禾草沼泽 | 0.85 |
| 杂类草草甸和杂类草沼泽 | 0.80 | 改良草地 | 1.05 |
| 禾草高寒草原 | 0.95 | 人工草地 | 1.20 |

## 二、计算样方产草量

### 1. 中小草本及小半灌木草地样方产草量计算

在草地调查监测工作中，一般每个样方要做不少于3次重复，故每个样方的产草量就是各重复产草量的算术平均数。

$$\bar{x}=\frac{x_1+x_2+\ldots\ldots+x_n}{n}$$

式中：

$\bar{x}$：某样方平均产草量（g/m²）；

$x_1$、$x_2$……$x_n$：样方各重复的产草量（g/m²）。

**2. 灌木及高大草本草地样方产草量计算**

灌木及高大草本草的样方一般只做一次重复，故直接计算出样方平均产草量即可。

$$\bar{z}=\bar{x}\times\frac{100-S}{100}+\frac{y}{100}$$

式中：

$\bar{z}$：某样方平均产草量（g/m²）；

$\bar{x}$：3 个 1 m² 小样方平均产草量（g/m²）；

$S$：100 m² 大样方中灌木及高大草本覆盖面积（m²）；

$y$：100 m² 大样方中灌木及高大草本总产草量（g）。

高大草本、灌木草地样方产草量统计过程中一定要注意产草量单位，因为其中的中小草本及小半灌木产草量是按 1 m² 测定的产草量，灌木及高大草本产草量是按每 100 m² 测定的产草量。

## 三、计算样地单位面积产草量

中小草本及小半灌木草地每个样地一般设置 3～6 个样方，故样地单位面积产草量就是样地中设置的所有样方产草量的算术平均数。灌木及高大草本草地样方一般只做一次重复，故样方产草量就是样地单位面积产草量。

$$\bar{x}=\frac{x_1+x_2+......+x_n}{n}\times 10$$

式中：

$\bar{x}$：某样地单位面积产草量（kg/hm²）；

$x_1$、$x_2$……$x_n$：样地中各样方的平均产草量（g/m²）。

## 四、计算不同草地类单位面积产草量

在草地调查监测工作中，某行政区域（县或乡镇）所辖草地一般都有若干种草地类，而某类草地都会设置有若干个样地。通常由于气候条件的差异或者利用方式不同等原因会引起同一草地类不同地段的差异，使各样地所代表的地段的权重不同，但这个权重一般难以确定，因此计算某区域不同草地类单位面积产草量时，采取直接用某草地类各样地单位面积产草量的算术平均值来计算。

$$\bar{x}=\frac{x_1+x_2+......+x_n}{n}$$

式中：

$\bar{x}$：某区域某草地类单位面积产草量（kg/hm²）；

$x_1$、$x_2$……$x_n$：某草地类各样地的单位面积产草量（kg/hm²）。

## 五、计算区域可食牧草产草量

### 1. 区域草地单位面积可食牧草产草量

某行政区域（县或乡镇）单位面积可食牧草产草量的计算，要以区域内不同草地类单位面积可食牧草产草量与区域内不同草地类可利用草地面积占全区可利用草地总面积的比例为权重计算加权平均值的方式来进行。

可利用草地面积是指除去草地内的居民点、道路、水域、小块的农田、林地、裸地等非草地及不可利用草地的草地面积。

$$\bar{x}=f_1x_1+f_2x_2+......+f_nx_n$$

式中：

$\bar{x}$：某区域草地单位面积可食牧草产草量（$kg/hm^2$）；

$f_1$、$f_2$……$f_n$：某区域某草地类占全区可利用草地总面积的比例（%）；

$x_1$、$x_2$……$x_n$：区域某草地类单位面积可食牧草产草量（$kg/hm^2$）。

区域草地单位面积可食牧草产草量还可以通过将区域内各种草地类的可食牧草产草量相加再除以全区域可利用草地面积计算方式得出。

$$\bar{x}=\frac{Y_1+Y_2+......+Y_n}{S}$$

式中：

$\bar{x}$：某区域草地单位面积可食牧草产草量（$kg/hm^2$）；

$Y_1$、$Y_2$……$Y_n$：区域某草地类可食牧草产量（kg）；

$S$：某区域可利用草地总面积（$hm^2$）。

### 2. 区域草地可食牧草总产草量

$$Y=\bar{x}\times S$$

其中：

$Y$：某区域草地可食牧草总产草量（kg）；

$\bar{x}$：某区域草地单位面积可食牧草产量（$kg/hm^2$）；

$S$：某区域可利用草地总面积（$hm^2$）。

## 六、草地产草量的校正

### 1. 不同月份产草量的校正

天然草地产草量要求在盛草期产草量达到最高峰时一次性测定，但不同类型草地最高产的时间不尽相同。如果调查时间不是草地的最高产时期，则应按相同草地类多年定位观测所得各月份产草量的比例，得出一个相应的系数，据此换算成最高产月份的产草量。

### 2. 再生草产量的校正

即使在产量最高的时期测产，或不是在最高产时期测产但按相关系数已经换算成了最高产时期的产草量，还必须考虑到测产以后草地的再生能力，而对测产数字加以校正。

牧草再生率是指草地首次达到盛草期最高产草量进行放牧或刈割后，牧草继续生长的地上生物量占首次盛草期地上最高生物量的百分比。

青海省因地处高寒，再生率很低，故规定：海东地区牧草再生率为5%，其他地区牧草再生率为0。

知识链接 6-5-3

不同热量带和不同草地类型牧草的再生率

## 七、草地合理利用率

草地合理利用率是指在维护草地良性生态循环，既充分合理利用又不发生草地退化的放牧（或刈割）强度下，可供利用的草地牧草产量占草地牧草年产草量的百分比。

**1. 放牧草地的合理利用率**

因为草食家畜在天然草地上正常采食时，不可能将地面上生长的牧草完全采食，故草地调查监测时所测算的可食牧草实际上有一部分是没有被草食家畜利用的。所以在测算区域草畜平衡状况时，还要将草地可食草总产量通过草地合理利用率换算成草食家畜可利用饲草总量。

计算时，采用轮牧、围栏划区轮牧利用方式的草地，其利用率取表 6-5-3 规定的利用率上限；采用连续自由放牧、散牧利用方式的草地，其利用率取规定的利用率下限。

**表 6-5-3 草地合理利用率**

| 草地类型 | 暖季放牧利用率（%） | 春秋季放牧利用率（%） | 冷季放牧利用率（%） | 四季放牧利用率（%） |
|---|---|---|---|---|
| 低地草甸类 | 50～55 | 40～50 | 60～70 | 50～55 |
| 温性山地草甸类、高寒沼泽化草甸亚类 | 55～60 | 40～45 | 60～70 | 55～60 |
| 高寒草甸类 | 55～65 | 40～45 | 60～70 | 50～55 |
| 温性草甸草原类 | 50～60 | 30～40 | 60～70 | 50～55 |
| 温性草原类、高寒草甸草原类 | 45～50 | 30～35 | 55～65 | 45～50 |
| 温性荒漠草原类，高寒草原类 | 40～45 | 25～30 | 50～60 | 40～45 |
| 高寒荒漠草原类 | 35～40 | 25～30 | 45～55 | 35～40 |
| 沙地草原（包括各种沙地温性草原和沙地高寒草原） | 20～30 | 15～25 | 20～30 | 20～30 |
| 温性荒漠类和温性草原化荒漠类 | 30～35 | 15～20 | 40～45 | 30～35 |
| 沙地荒漠亚类 | 15～20 | 10～15 | 20～30 | 15～20 |
| 高寒荒漠类 | 0～5 | 0 | 0 | 0～5 |
| 暖性草丛、灌草丛草地 | 50～60 | 45～55 | 60～70 | 50～60 |
| 热性草丛、灌草丛草地 | 55～65 | 50～60 | 65～75 | 55～65 |
| 沼泽类 | 20～30 | 15～25 | 40～45 | 25～30 |

知识链接6-5-4

青海省天然草地合理利用率

### 2. 退化草地利用率

轻度退化草地其利用率为草地合理利用率的 80%；中度退化草地其利用率为规定的草地利用率的 50%；严重退化草地应停止利用，实行休牧或禁牧。

青海天然草地普遍出现退化，故必须在草地合理利用率基础上还得考虑退化草地利用率。

### 3. 人工草地利用率

人工草地利用率一般按 90% 计。

## 八、计算区域草地可利用标准干草量

计算出区域草地可食牧草产量后，还要考虑草地合理利用率并将其折算为草地可利用标准干草量。

$$F = Y \times E \times H$$

式中：

$F$：区域草地可利用标准干草量（kg）；

$Y$：区域草地可食牧草产量（kg）；

$E$：草地合理利用率（%）；

$H$：草地标准干草折算系数。

## • 材料准备

某省某县天然草地样方产草量汇总表、某省某县各草地类面积统计表。

## • 人员准备

**任务分工**

| 任务角色 | 任务内容 |
|---|---|
| 组长： | 任务：组织小组成员讨论测算的项目、分配工作任务，组织完成各草地类产草量及全县产草量的测算。 |
| 组员 1： | 任务：参与讨论测算项目、负责进行各样方产草量的计算。 |
| 组员 2： | 任务：参与讨论测算项目、负责进行各样地单位面积产草量计算。 |
| 组员 3： | 任务：参与讨论测算项目、负责进行不同草地类单位面积产草量计算。 |
| 组员 4： | 任务：参与讨论测算项目、负责进行区域可食牧草产草量及可利用标准干草量计算。 |

## 任务筹划

完成区域草地单位面积产草量及总产草量计算，需要筹划 4 个方面的事项。

（1）正确认知草地样方产草量汇总表各项数据来源及汇总方式。

（2）正确认知算术平均数与加权平均数的区别与联系。

（3）理解各项产草量的计算公式及单位的换算。

（4）按步骤及计算公式依序计算各样方产草量、各样地单位面积产草量、不同草地类单位面积产草量、区域草地单位面积产草量及总产草量。

### 任务实施

步骤一：研究“某县天然草地样方产草量汇总表”，掌握其中各数据表达的含义。

步骤二：依据某县草地样方测定数据及各类草地面积统计值，依序计算各样方产草量、各样地单位面积产草量、不同草地类单位面积产草量、县域天然草地单位面积产草量及总产草量，完成该县草地产草量统计表的填写。

某县天然草地样方产草量汇总表

某县草地产草量统计表

### 任务总结

______________________________________________________________

______________________________________________________________

______________________________________________________________

______________________________________________________________。

### 任务检测

请扫码答题。

任务检测（上）

任务检测（下）

## 任务六 测算区域不同饲草总量及草食家畜总量

### 任务导入

畜牧业生产中，草食家畜的食物来源不仅单纯依靠天然草地供给，还有适当的其他形式的补饲，如作物秸秆、青贮草料、青干草、粮食补饲等。不同地区养殖的草食家畜的种类也是各不相同，所以要测算区域草畜平衡状况，首先必须要测算出区域各类饲草总量及区域草食家畜总量。

请根据某县草地、耕地生产及草食家畜存栏情况，计算该县天然草地可食牧草产量、人工草地草产量、作物秸秆补饲量、青贮饲草料量、粮食（精料）补饲量及草食家畜折算标准羊单位总量。

## 任务工单

班级＿＿＿＿＿＿＿＿　姓名＿＿＿＿＿＿＿＿　学号＿＿＿＿＿＿＿＿

<table>
<tr><td>任务名称</td><td>测算区域不同饲草总量及草食家畜总量</td></tr>
<tr><td>任务描述</td><td>根据实际情况，填写本任务的内容、目的、流程和方法。<br>任务内容：＿＿＿＿＿＿＿＿＿＿＿＿＿＿＿＿＿＿＿＿＿＿＿＿＿＿＿＿＿＿。<br>任务目的：＿＿＿＿＿＿＿＿＿＿＿＿＿＿＿＿＿＿＿＿＿＿＿＿＿＿＿＿＿＿。<br>任务流程：＿＿＿＿＿＿＿＿＿＿＿＿＿＿＿＿＿＿＿＿＿＿＿＿＿＿＿＿＿＿。<br>任务方法：＿＿＿＿＿＿＿＿＿＿＿＿＿＿＿＿＿＿＿＿＿＿＿＿＿＿＿＿＿＿。</td></tr>
<tr><td>获取信息</td><td>要完成任务，需要掌握相关的知识。请收集资料，回答以下问题。<br>1. 什么是放牧利用率？不同草地类不同草场放牧利用率是如何规定的？<br><br>2. 什么是谷草比？不同作物的谷草比是如何规定的？<br><br>3. 关于标准羊单位，国家是如何规定的？青海省是如何规定的？<br><br>4. 根据青海省地方标准，请写出以下成年草食家畜折算标准羊单位的系数。<br>绵羊＝（　）个羊单位；　山羊＝（　）个羊单位；<br>黄牛＝（　）个羊单位；　牦牛＝（　）个羊单位；<br>马＝（　）个羊单位；　骡＝（　）个羊单位；<br>驴＝（　）个羊单位；　骆驼＝（　）个羊单位。</td></tr>
<tr><td>制订计划</td><td>制订完成本任务的工作计划。</td></tr>
</table>

（续表）

<table>
<tr><td rowspan="5">任务实施</td><td colspan="6">按照预先制订的工作计划，完成本任务，并记录任务实施过程。</td></tr>
<tr><td>序号</td><td colspan="2">完成的任务</td><td colspan="2">遇到的问题</td><td>解决办法</td></tr>
<tr><td></td><td colspan="2"></td><td colspan="2"></td><td></td></tr>
<tr><td></td><td colspan="2"></td><td colspan="2"></td><td></td></tr>
<tr><td></td><td colspan="2"></td><td colspan="2"></td><td></td></tr>
<tr><td rowspan="13">任务评价</td><td colspan="6">评价表</td></tr>
<tr><td>项目</td><td>评价内容</td><td>分值</td><td>自评</td><td>互评</td><td>师评</td></tr>
<tr><td rowspan="6">知识技能</td><td>正确计算暖季放牧草地可食牧草产量</td><td>10</td><td></td><td></td><td></td></tr>
<tr><td>正确计算冷季放牧草地可食牧草产量</td><td>10</td><td></td><td></td><td></td></tr>
<tr><td>正确计算人工草地草产量</td><td>10</td><td></td><td></td><td></td></tr>
<tr><td>正确计算作物秸秆补饲量</td><td>10</td><td></td><td></td><td></td></tr>
<tr><td>正确计算青贮饲草料量、粮食（精料）补饲量</td><td>10</td><td></td><td></td><td></td></tr>
<tr><td>正确折算区域草食家畜标准羊单位总量</td><td>10</td><td></td><td></td><td></td></tr>
<tr><td>任务进度</td><td>提前完成 10 分；正常完成 7～9 分；超时完成 3～6 分；未完成 0～2 分</td><td>10</td><td></td><td></td><td></td></tr>
<tr><td>任务质量</td><td>整体效果很好为 10 分；较好为 7～9 分；一般为 3～6 分；较差为 0～2 分</td><td>10</td><td></td><td></td><td></td></tr>
<tr><td>素养表现</td><td>团队分工明确，配合默契，计算严谨求实，结果真实可靠</td><td>15</td><td></td><td></td><td></td></tr>
<tr><td>思政表现</td><td>热爱草业、研究草业、服务草业，“三农”情怀</td><td>5</td><td></td><td></td><td></td></tr>
</table>

## 任务准备

- **知识准备**

### 一、测算区域天然放牧草地可食牧草产量

#### 1. 区域暖季放牧草地可食牧草产量

$$Y_w = Y_{wm} \times (1+G) \times S_w$$

式中：

$Y_w$：暖季放牧草地可食牧草产量（kg）；

$Y_{wm}$：暖季放牧草地首次盛草季可食牧草风干单产（$kg/hm^2$）；

$G$：牧草再生率（%）；

$S_w$：暖季放牧草地可利用面积（$hm^2$）。

**2. 区域冷季放牧草地可食牧草产量计算**

$$Y_c = Y_{cm} \times S_c$$

式中：

$Y_c$：冷季放牧草地可食牧草产量（kg）；

$Y_{cm}$：冷季放牧草地枯草期中期可食牧草风干单产（$kg/hm^2$）；

$S_c$：冷季放牧草地可利用面积（$hm^2$）。

**3. 区域四季放牧利用草地可食牧草产量计算**

$$Y_y = Y_{ym} \times (1+G) \times S_y$$

式中：

$Y_y$：四季放牧利用草地可食牧草产量（kg）；

$Y_{ym}$：四季放牧利用草地首次盛草季可食牧草风干单产（$kg/hm^2$）；

$G$：牧草再生率（%）；

$S_y$：四季放牧利用草地可利用面积（$hm^2$）。

## 二、测算补充饲草料量

补充饲草料量的数据主要来源于入户调查和农牧业相关单位社会经济调查数据，主要包括人工草地牧草产量、补饲秸秆量、青贮草料量、粮食补饲量等。

**1. 人工草地草产量**

目前青海的人工草地绝大多数都是属于刈割草地，牧草刈割后以青干草、青贮草等形式利用，故区域人工草地产草量可直接通过调查统计获得。也可通过以下测算方式得出。

$$Y_h = Y_{hm} \times (1+G) \times S_h$$

式中：

$Y_h$：人工草地牧草产量（kg）；

$Y_{hm}$：人工草地牧草达到最高产量时，收割的风干单产（$kg/hm^2$）；

$G$：牧草再生率（%）；

$S_h$：人工草地可利用面积（$hm^2$）。

**2. 补饲秸秆量**

区域农作物秸秆的产量不容易直接调查获得，而区域作物籽料产量容易通过入户调查和农牧业相关单位社会经济调查获得，故可以通过作物籽粒产量与谷草比计算得出。

$$\text{秸秆产量} = \frac{\text{籽粒产量}}{\text{谷草比}}$$

谷草比又称谷秆比，通常是指作物的籽粒产量与其秸秆产量（干物质量）的比值（表 6-6-1）。

表 6-6-1　青海省常见作物谷草比

| 作物种类 | 谷草比 |
|---|---|
| 小麦 | 1∶1.25 |
| 青稞 | 1∶1.10 |
| 马铃薯 | 1∶0.65（折粮后比例） |
| 蚕豆 | 1∶2.01 |
| 豌豆 | 1∶1.73 |
| 油料 | 1∶2.70 |

草食家畜补饲秸秆的利用率一般为 50%，即秸秆补饲与干草的折算比例为 2∶1。各类秸秆的利用率因地区、谷物种类不同而有差异，青海省确定各类秸秆的利用率为 35%。

**3. 青储草料量**

青储草料含水量一般为 60%～75%，因此青储草料与干草折算系数一般为 3∶1。

**4. 粮食（精饲料）补饲量**

从能量的角度来说 1 kg 玉米籽粒的能量等于 4 kg 玉米秸秆的能量，但是从容积上来说，1 kg 玉米籽粒和 1 kg 玉米秆被草食家畜食用后，其容积及耐饱性相差不大，因此从牲畜利用方面来说一般将 1 kg 粮食折算为 1.5 kg 干草，即粮食与干草的折算比例为 1∶1.5。

## 三、折算区域草食家畜总量

为了便于计算区域饲草料的消耗量及不同家畜之间进行换算、比较，人们将不同种类、不同年龄、不同体格的家畜折合成统一的家畜单位。世界大多数国家采用的是牛单位，我国采用的是羊单位。

**1. 标准羊单位**

知识链接 6-6-1

家畜单位

农业行业标准规定：1 只体重为 45 kg、日消耗 1.8 kg 标准干草的成年绵羊，或与此相当的其他家畜为 1 个标准羊单位。

青海省地方标准规定：1 只体重 42 kg，同时哺育四月龄以内单羔的成年母绵羊或与此相当的其他家畜为 1 个标准羊单位。1 个标准羊单位家畜每天需要从草地摄取可食鲜草 4.00 kg，相当于含水量 14% 的标准干草 1.38 kg（按干鲜比 1∶2.9 折算）。

**2. 草食家畜标准羊单位折算**

区域草食家畜总量可通过以下羊单位折算系数计算汇总（表 6-6-2，表 6-6-3）。

表 6-6-2　成年草食家畜折合羊单位系数

| 畜种 | 体重（kg） | 羊单位折算系数 | 畜种 | 体重（kg） | 羊单位折算系数 |
|---|---|---|---|---|---|
| 绵羊 | 大型：＞50 | 1.2 | 牦牛 | 大型：＞350 | 5.0 |
| | 中型：40～50 | 1.0 | | 中型：300～350 | 4.5 |
| | 小型：＜40 | 0.8 | | 小型：＜300 | 4.0 |
| 山羊 | 大型：＞40 | 0.9 | 马 | 大型：＞370 | 6.0 |
| | 中型：35～40 | 0.8 | | 中型：300～370 | 5.5 |
| | 小型：＜35 | 0.7 | | 小型：＜300 | 5.0 |
| 黄牛 | 大型：＞500 | 8.0 | 驴 | 大型：＞200 | 4.0 |
| | 中型：400～500 | 6.5 | | 中型：130～200 | 3.0 |
| | 小型：＜400 | 5.0 | | 小型：＜130 | 2.5 |
| 水牛 | 大型：＞500 | 8.0 | 骆驼 | 大型：＞570 | 9.0 |
| | 中型：400～500 | 7.0 | | 小型：＜570 | 8.0 |
| | 小型：＜400 | 6.0 | | | |

表 6-6-3　幼畜折合为同类成年畜的折算系数

| 畜种 | 幼畜年龄 | 相当于同类成年家畜当量 |
|---|---|---|
| 绵羊、山羊 | 断奶前羔羊 | 0.2 |
| | 断奶至 1 岁 | 0.6 |
| | 1～1.5 岁 | 0.8 |
| 马、牛、驴 | 断奶至 1 岁 | 0.3 |
| | 1～2 岁 | 0.7 |
| 骆驼 | 断奶至 1 岁 | 0.3 |
| | 1～2 岁 | 0.6 |
| | 2～3 岁 | 0.8 |

- **材料准备**

某省某县草地、耕地生产及年初草食家畜存栏统计表、某省某县各类饲草总量及草食家畜折算值统计表。

知识链接6-6-2

青海省草食家畜折合羊单位系数

- **人员准备**

**任务分工**

| 任务角色 | 任务内容 |
| --- | --- |
| 组长： | 任务：组织小组成员讨论测算的项目、分配工作任务，组织完成区域各类饲草料测算及区域草食家畜标准羊单位的折算。 |
| 组员 1： | 任务：参与讨论测算项目、负责天然草地折合干草量的计算。 |
| 组员 2： | 任务：参与讨论测算项目、负责人工草地及青贮饲草料折合干草量的计算。 |
| 组员 3： | 任务：参与讨论测算项目、负责作物秸秆折合干草量的计算。 |
| 组员 4： | 任务：参与讨论测算项目、负责进行区域草食家畜折合标准草单位的计算。 |

## 任务筹划

完成测算区域各类饲草总量、折算区域草食家畜总量，需要筹划以下 4 个方面的事项。

（1）收集区域各类天然草地的可利用面积及单位面积产草量，冷季放牧草地、暖季放牧草地的可利用面积及单位面积产草量，人工草地面积及单位面积产草量，各类作物种植面积及产量、青贮饲草料量、区域草食家畜种类、数量及年龄等各种数据资料。

（2）理解各类饲草量计算公式及草食家畜折算等相关换算关系。

（3）各类型饲草量计算过程中要考虑各类原始产量的月变率、利用率等，最终将其转化为标准干草产量。

（4）按公式计算暖季放牧草地可食牧草产量、冷季放牧草地可食牧草产量、人工草地草产量、作物秸秆补饲量、青贮饲草料量、粮食（精料）补饲量、区域草食家畜折算标准羊单位总量。

## 任务实施

步骤一：研究“某县草地、耕地生产及年初草食家畜存栏统计表”，掌握其中各数据表达的含义。

步骤二：依据以上“某县草地、耕地生产及年初草食家畜存栏统计表”，逐一计算该县暖季放牧草地可食牧草产量、冷季放牧草地可食牧草产量、人工草地草产量、作物秸秆补饲量、青贮饲草料量、县域草食家畜折算标准羊单位

某县草地、耕地生产及年初草食家畜存栏统计表

某县各类饲草总量及草食家畜折算值统计表

总量。

### 任务总结

______________________________________________________________

______________________________________________________________

______________________________________________________________

______________________________________________________________

______________________________________________________________。

### 任务检测

请扫码答题。

任务检测（上）　　任务检测（下）

## 任务七　测算区域草畜平衡

### 任务导入

为了保护、建设和合理利用草原，改善牧区生态环境，维护生物多样性，发展现代畜牧业，促进经济和社会的可持续发展，国家对草原实行以草定畜、草畜平衡制度。青海省全面贯彻习近平总书记“把青藏高原打造成为全国乃至国际生态文明高地”的重要指示精神，以草原生态保护为主线，全面推行禁牧和草畜平衡制度，即将草原生态脆弱，生态环境恶劣，退化、沙化、盐渍化严重以及位于江河源水源涵养区的中度以上的退化草原确定为禁牧区，实行禁牧封育；对禁牧区以外的地区确定为草畜平衡区，实行草畜平衡管理。

请根据某县各类天然草地的可利用面积及单位面积产草量、人工草地面积及单位面积产草量、各类作物种植面积及产量、青贮饲草料量、草食家畜种类、数量及年龄等各种数据资料，计算该县天然草地合理载畜量、各类人工草地合理载畜量、作物秸秆合理载畜量、青贮饲草料、粮食（精料）补饲载畜量及该县全年合理载畜量，判定区域各季各类草地草畜平衡状况。

## 任务工单

班级 ________ 姓名 ________ 学号 ________

<table>
<tr><td>任务名称</td><td colspan="4">测算区域草畜平衡</td></tr>
<tr><td>任务描述</td><td colspan="4">根据实际情况，填写本任务的内容、目的、流程和方法。<br>任务内容：________________。<br>任务目的：________________。<br>任务流程：________________。<br>任务方法：________________。</td></tr>
<tr><td>获取信息</td><td colspan="4">要完成任务，需要掌握相关的知识。请收集资料，回答以下问题。<br>1. 什么是草畜平衡？青海省目前纳入禁牧封育和草畜平衡管理的草地面积分别有多少万公顷？<br>2. 什么是载畜量？载畜量指标用什么单位来表示？<br>3. 计算区域草地全年合理载畜量时，人工草地牧草、农作物秸秆、青贮饲草料及粮食（精饲料）等补饲的载畜量是否要计入其中？为什么？<br>4. 草地区域的载畜量潜力与超载如何计算与判定？</td></tr>
<tr><td>制订计划</td><td colspan="4">制订完成本任务的工作计划。</td></tr>
<tr><td rowspan="6">任务实施</td><td colspan="4">按照预先制订的工作计划，完成本任务，并记录任务实施过程。</td></tr>
<tr><td>序号</td><td>完成的任务</td><td>遇到的问题</td><td>解决办法</td></tr>
<tr><td></td><td></td><td></td><td></td></tr>
<tr><td></td><td></td><td></td><td></td></tr>
<tr><td></td><td></td><td></td><td></td></tr>
<tr><td></td><td></td><td></td><td></td></tr>
</table>

（续表）

| 任务评价 | 评价表 | | | | | |
|---|---|---|---|---|---|---|
| | 项目 | 评价内容 | 分值 | 自评 | 互评 | 师评 |
| | 知识技能 | 正确计算放牧草地合理载畜量 | 20 | | | |
| | | 正确计算人工草地合理载畜量 | 10 | | | |
| | | 正确计算农作物秸秆合理载畜量 | 10 | | | |
| | | 正确计算区域草地全年合理载畜量 | 10 | | | |
| | | 正确计算区域载畜量潜力与超载 | 10 | | | |
| | 任务进度 | 提前完成10分；正常完成7～9分；超时完成3～6分；未完成0～2分 | 10 | | | |
| | 任务质量 | 整体效果很好为10分；较好为7～9分；一般为3～6分；较差为0～2分 | 10 | | | |
| | 素养表现 | 团队分工明确，配合默契，计算严谨求实，结果真实可靠 | 15 | | | |
| | 思政表现 | 热爱草业、研究草业、服务草业，具有“三农”情怀 | 5 | | | |

## 任务准备

### • 知识准备

知识链接6-7-1

青海省第三轮草原生态保护补助奖励政策实施方案（2021—2025年）

#### 一、草畜平衡

草畜平衡是指为保持草地生态系统良性循环，在一定时间内，草地使用者或承包经营者通过草地和其他途径获取的可利用饲草饲料总量与其饲养的牲畜所需的饲草饲料量保持动态平衡。

#### 二、载畜量

载畜量是指在一定的草地面积上，一定的利用时间内，所承载饲养家畜的头数和时间。载畜量这个衡量草地生产能力的指标最接近草地生产的最终产品，因而目前在国内外广泛应用。

#### （一）载畜量种类

载畜量可分为合理载畜量和实际载畜量。

**1. 合理载畜量**

一定的草地面积，在某一利用时段内，在适度放牧（或刈割）利用并维持草地可持续生产的前提下，满足家畜正常生长、繁殖、生产的需要，所能承载的最多家畜的数量。合理载畜量又称理论载畜量。

**2. 实际载畜量**

一定面积的草地，在一定的利用段内，实际承养的家畜数量，称为实际载畜量，又称现存载畜量。实际载畜量如果超过合理载畜量就是我们所说的超载过牧。

### （二）载畜量单位

载畜量所表现的草地生产能力由三项要素构成：家畜头数、放牧时间、草地面积，这三项要素中只要有两项不变，一项为变数，即可表示载畜量，因此，载畜量指标可以用家畜单位、时间单位和草地面积单位三种方式表示。

**1. 家畜单位**

指在一定时间内，单位面积的草地可以养活的家畜数。以家畜数为变数，可表示为：羊单位/(公顷·年)。表示载畜量时家畜单位是最常用的。

如：甲地每年每公顷天然草地能养活 2 只羊，乙地每年每公顷天然草地能养活 10 只羊，说明乙地的草地生产能力比甲地高。

**2. 时间单位**

指在单位面积的草地上，可供一头家畜放牧的天数或日数。以放牧时间为变数，最常用的是头日法（指在一定草地面积上，对于一定数量的家畜可放牧的日数），可表示为：天/(公顷·羊单位)。

如：某一牧场每公顷可供 10 只羊放牧 60 天，其载畜量为 600 天/(公顷·羊单位)，即：2 只羊在 1 公顷牧场上能放牧 300 天。

**3. 草地面积单位**

指在单位时间内放牧一头家畜所需要的草地面积。它以草地面积为变数，可表示为：公顷/(羊单位·年)。通常说的几亩天然草地能够养活 1 只羊，即为此种表示法。

## 三、计算区域合理载畜量

### （一）计算区域放牧草地合理载畜量

**1. 区域暖季放牧草地合理载畜量**

$$A_w = \frac{Y_w \times E_w \times H_w}{I_{us} \times D_w}$$

式中：

$A_w$：暖季放牧草地合理载畜量（羊单位）；

$Y_w$：暖季放牧草地可食牧草产量（kg）；

$E_w$：暖季放牧草地合理利用率（%）；

$H_w$：暖季放牧草地牧草标准干草折算系数；

$I_{us}$：羊单位日食量［kg/(羊单位·d)］；

$D_w$：暖季放牧草地的利用天数（d）。

知识链接 6-7-2

NY/T 635—2015 天然草地合理载畜量的计算

#### 2. 区域冷季放牧草地合理载畜量

$$A_c = \frac{Y_c \times E_c \times H_c}{I_{us} \times D_c}$$

知识链接 6-7-3

DB63/T 1176—2013 草地合理载畜量计算

式中：

$A_c$：冷季放牧草地可承载的羊单位数量（羊单位）；

$Y_c$：冷季放牧草地可食牧草产量（kg）；

$E_c$：冷季放牧草地合理利用率（%）；

$H_c$：冷季放牧草地牧草标准干草折算系数；

$I_{us}$：羊单位日食量［kg/(羊单位·d)］；

$D_c$：冷季放牧草地的利用天数（d）。

#### 3. 区域四季放牧利用草地合理载畜量

$$A_y = \frac{Y_y \times E_y \times H_y}{I_{us} \times 365}$$

式中：

$A_y$：四季放牧利用草地可承载的羊单位数量（羊单位）；

$Y_y$：四季放牧利用草地可食牧草产量（kg）；

$E_y$：四季放牧利用草地合理利用率（%）；

$H_y$：四季放牧利用草地牧草标准干草折算系数；

$I_{us}$：羊单位日食量［kg/(羊单位·d)］。

青海省草地利用天数可参考表 6-7-1。

**表 6-7-1 青海省冷暖季（无补饲）放牧天数参考**

| 区域 | 暖季放牧天数（d） | 冷季放牧天数（d） |
|---|---|---|
| 青南 16 县 1 镇 | 122 | 243 |
| 其他地区 | 153 | 212 |

### （二）测算补充饲草料量载畜量

#### 1. 区域人工草地牧草合理载畜量

$$A_h = \frac{Y_h \times E_h \times H_h \times E_r}{I_{us} \times D_h}$$

式中：

$A_h$：区域人工草地牧草合理载畜量（羊单位）；

$Y_h$：人工草地可食牧草产量（kg）；

$E_h$：人工草地的合理利用率（%）；

$H_h$：人工草地牧草的标准干草折算系数；

$E_r$：人工草地牧草的利用率（90%）；

$I_{us}$：羊单位日食量［kg/(羊单位·d)］；

$D_h$：人工草地牧草补饲的天数（d）。

**2. 区域农作物秸秆合理载畜量**

根据区域主要农作物产量及谷草比折算出农作物秸秆理论总产量，再根据以下公式计算出该区域农作物秸秆的合理载畜量。

$$A_e = \frac{Y_e \times E_k \times H_f}{I_{us} \times D_e}$$

式中：

$A_e$：区域农作物秸秆合理载畜量（羊单位）；

$Y_e$：区域各类农作物秸秆总产量（kg）；

$E_k$：区域各类农作物秸秆可作饲草的利用率（%）；

$H_f$：各类农作物秸秆可收集率（按 70% 计）；

$I_{us}$：羊单位日食量［kg/(羊单位 · d)］；

$D_e$：农作物秸秆补饲的天数（d）。

## （三）计算区域草地全年合理载畜量

区域草地全年合理载畜量的计算主要考虑天然放牧草地的载畜量。在一定的区域特别是较大区域内，草地类型、利用方式复杂多样，不同地块草地利用时段和利用天数不同，各地块间的合理载畜量不能进行简单相加计算，需要统一到相同放牧时间进行加权计算。其中暖季放牧期与冷季放牧期之和为 365 天。

$$A = \frac{A_w \times D_w}{365} + \frac{A_c \times D_c}{365} + A_y$$

式中：

$A$：区域草地全年合理载畜量（羊单位）；

$A_w$：暖季放牧利用草地合理载畜量（羊单位）；

$D_w$：暖季放牧利用草地利用天数（d）；

$A_c$：冷季放牧利用草地合理载畜量（羊单位）；

$D_c$：冷季放牧利用草地利用天数（d）；

$A_y$：四季放牧利用草地合理载畜量（羊单位）。

## （四）计算区域全年合理载畜量

目前随着草原牧区种养结合、草畜联动产业发展模式，人工种植饲草规模扩大、区域农作物秸秆收集利用程度提高，牧区草食家畜的饲养形式呈现多样化，人工草地牧草及农作物秸秆等补饲增加的载畜量不容忽略。故区域全年合理载畜量可通过以下公式来计算。其中暖季放牧期、冷季放牧期及各类饲草料补饲期之和为 365 天。

$$B = \frac{A_w \times D_w}{365} + \frac{A_c \times D_c}{365} + A_y + \frac{A_h \times D_h}{365} + \frac{A_e \times D_e}{365} + \frac{A_n \times D_n}{365}$$

式中：

$B$：区域草地全年合理载畜量（羊单位）；

$A_w$：暖季放牧利用草地合理载畜量（羊单位）；
$D_w$：暖季放牧利用草地利用天数（d）；
$A_c$：冷季放牧利用草地合理载畜量（羊单位）；
$D_c$：冷季放牧利用草地利用天数（d）；
$A_y$：四季放牧利用草地合理载畜量（羊单位）；
$A_h$：人工草地牧草补饲合理载畜量（羊单位）；
$D_h$：人工草地牧草补饲天数（d）；
$A_e$：农作物秸秆补饲合理载畜量（羊单位）；
$D_e$：农作物秸秆补饲天数（d）；
$A_n$：其他饲草料补饲合理载畜量（羊单位）；
$D_n$：其他饲草料补饲天数（d）。

## 四、计算区域草地实际载畜量

草地实际载畜量将区域内草地实际承载的不同草食家畜根据标准家畜单位折算系数折算为标准羊单位后相加。

其中暖季草地实际载畜量为当年 6 月 30 日草地家畜存栏数；冷季草地实际载畜量为当年 12 月 31 日草地家畜存栏数；四季利用草地实际载畜量为冷暖季实际载畜量与其放牧时间占全年时间的比例相加；其他利用时期草地的实际载畜量，按该草地利用截止时的草地的实际载畜量计算。

## 五、区域载畜量潜力与超载

### （一）计算方法

用区域内放牧草地、人工草地和农作物秸秆等的合理载畜量之和与草地现存草食家畜饲养量比较，计算草地区域的载畜潜力与超载。

### （二）区域的载畜量潜力或超载计算

$$P = A_k + A_h + A_e + A_n - A_p$$

式中：

$P$：暖季（或冷季、或全年）区域内草地承载潜力（羊单位）；

$A_k$：暖季（或冷季、或全年）区域内各类放牧草地合理载畜量总和（羊单位）；

$A_h$：暖季（或冷季、或全年）区域内各类人工草地牧草补饲合理载畜量总和（羊单位）；

$A_e$：暖季（或冷季、或全年）区域内各类农作物秸秆补饲合理载畜量总和（羊单位）；

$A_n$：暖季（或冷季、或全年）区域内其他饲草料补饲合理载畜量总和（羊单位）；

$A_p$：暖季（或冷季、或全年）区域内各类草食家畜实际饲养量总和（羊单位）。

### （三）草地区域草畜平衡状况判定

知识链接 6-7-4

青海草地载畜量计算方法与载畜压力评价

$P>0$，尚有载畜潜力；

$P=0$，草畜平衡；

$P<0$，超载过牧。

$$超载率=\frac{实际载畜量-合理载畜量}{合理载畜量}\times 100\%$$

### （四）草地载畜压力评价

通过计算草地载畜压力指数评价草地载畜压力（表 6-7-2）。

$$草地载畜压力指数=\frac{区域现存载畜量}{区域合理载畜量}$$

**表 6-7-2 草地载畜压力指标**

| 草地载畜压力指数分级 | 指标描述及利用措施 |
|---|---|
| 0～0.96 | 具有载畜潜力或盈载，饲草资源丰富，有发展潜力 |
| 0.97～1.03 | 草畜基本平衡，生态畜牧业可持续发展模式 |
| 1.04～1.25 | 轻度超载，增加饲草总量或者调减牲畜饲养量 |
| 1.26～1.65 | 中度超载，在保护利用的同时，适当调减牲畜饲养量 |
| 1.66～1.99 | 重度超载，在保护利用的同时，调减牲畜饲养量 |
| ＞2.00 | 极度超载，在保护利用的同时，大力调减牲畜饲养量 |

- **材料准备**

某省某县天然草地、人工草地、耕地生产及年初草食家畜存栏等各类基础数据统计表。

- **人员准备**

**任务分工**

| 任务角色 | 任务内容 |
|---|---|
| 组长： | 任务：组织小组成员讨论测算的项目、分配工作任务，组织完成区域各季各类草地及补饲草料合理载畜量的测算，负责区域载畜量潜力与超载的计算，判定草畜平衡状况。 |
| 组员 1： | 任务：参与讨论测算项目、负责放牧草地合理载畜量的计算。 |
| 组员 2： | 任务：参与讨论测算项目、负责人工草地合理载畜量的计算。 |
| 组员 3： | 任务：参与讨论测算项目、负责农作物秸秆合理载畜量的计算。 |
| 组员 4： | 任务：参与讨论测算项目、负责区域草地全年合理载畜量的计算。 |

## 任务筹划

完成测算区域各季各类草地及补饲草料合理载畜量的测算，需要筹划以下 5 个方面的事项。

（1）收集区域各类天然草地的可利用面积及单位面积产草量，冷季放牧草地、暖季放牧草地的可利用面积及单位面积产草量，人工草地面积及单位面积产草量，各类作物种植面积及产量、青贮饲草料量、区域草食家畜种类、数量及年龄等各种数据资料。

（2）理解载畜量的含义并掌握载畜量的三种单位表示的方法。

（3）理解各类载畜量计算公式及各项指标所代表的含义。

（4）根据区域实际情况灵活运用计算公式计算某区域各类暖季放牧草地合理载畜量，各类冷季放牧草地合理载畜量，各类四季放牧利用草地合理载畜量，各类人工草地合理载畜量，作物秸秆合理载畜量，青贮饲草料、粮食（精料）补饲载畜量，区域草地全年合理载畜量。

（5）根据公式计算载畜量潜力与超载，判定区域各季各类草地草畜平衡状况。

## 任务实施

步骤一：研究“某县草地区域可利用干草及草食家畜统计表”，掌握其中各数据表达的含义。

步骤二：依据以上“某县草地区域可利用干草及草食家畜统计表”，逐一计算该县各乡镇天然草地合理载畜量、各类人工草地合理载畜量、作物秸秆合理载畜量、青贮饲草料、粮食（精料）补饲载畜量及该县全年合理载畜量，判定区域各季各类草地草畜平衡状况。

某县草地区域可利用干草及草食家畜统计表

某县（乡镇）草畜平衡状况分析表

## 任务总结

______________________________________________________________________

______________________________________________________________________。

## 任务检测

请扫码答题。

任务检测（上）

任务检测（下）

# 项目七 监测草地退化、沙化、盐渍化

## 项目导读

从生态学和草业生产角度来看，草地在各种因素的作用下不断发生演替，演替方向既可是进展演替，朝着有利于人类生产的方向演替；也可是逆向演替，朝着不利于人类生产的方向演替。草地退化正是这种不利于人类生产和生活的逆向演替。

草地沙化、草地盐渍化是草地退化的特殊的表现形式。草地退化可能发生在所有的草地类型中，而草地沙化、盐渍化仅发生在一些特定的草地类型上。引起草地退化的原因各种各样，一般可概括为自然因素和人为因素两个方面。自然因素如长期干旱、风蚀、水蚀、沙尘暴等，其中气候的变化，尤其是降水量减少、气温升高引起的草地退化，相对速度缓慢，时间持续久；人为因素主要是人类各种经济活动的影响，如过度放牧、滥垦、樵采灌木、滥挖药材、开矿等，在一些环境条件比较脆弱的草地上，在很短的时间内就造成退化。

草地退化（沙化、盐渍化）监测就是充分利用已有的草地调查、动态监测技术及其成果资料，根据不同类型草地退化状况的监测需要，确定草地退化监测周期，利用多期草地退化监测数据，综合利用地面监测、遥感监测、多元统计和模型分析等技术方法，对不同类型草地退化现状、变化状况进行周期性动态分析评价，实现对草地退化现状及变化的监测及预警。

本项目从草地退化的概念及类型介绍入手，通过行动导向“六步法”的操作流程，了解草地退化的相关知识，熟悉草地退化、沙化、盐渍化程度分级与分级指标，掌握草地退化、沙化、盐渍化各项监测指标的测定方法与技能，能够规范填写相关调查监测记录表，综合评定区域草地退化、沙化、盐渍化程度。

## 知识目标

（1）掌握草地退化、沙化、盐渍化的概念及相关知识。

（2）掌握草地退化、沙化、盐渍化程度分级。

（3）熟悉草地退化、沙化、盐渍化程度监测指标。

## 技能目标

（1）正确测定草地退化程度各项监测指标，评定区域草地退化程度。

（2）正确测定草地沙化程度各项监测指标，评定区域草地沙化程度。

（3）正确测定草地盐渍化程度各项监测指标，评定区域草地盐渍化程度。

## 素养目标

（1）树立安全意识。了解调查监测中的各项野外工作风险，熟知野外工作安全常识。

（2）提升团队合作能力。能认知自己在团队中的角色，主动承担工作任务及责任，尊重他人意见，遵从集体决策，遵守各种行为规范和操作规范。

（3）提升探究能力。能通过各种方式主动获取所需的资料，并进行筛选整理、处理分析资料，以合适的形式体现探究结果。

## 思政目标

（1）感知草地退化现状，全面分析草地退化原因，践行树立习近平生态文明思想，尊重自然、顺应自然、爱护自然，促进人与自然和谐共生。

（2）传承和发扬“创业、求实、奉献”的“湟源牧校”精神，全力服务于草地生态环境保护与修复事业。

# 任务一 监测草地退化

### 任务导入

草地是我国重要的生态系统和自然资源。党的十八大以来，草地保护修复工作取得显著成效，草地生态持续恶化的状况得到初步遏制，部分地区草地生态明显恢复。但是当前草地生态脆弱的形势依然严峻，仍然有 70% 的草地处于不同程度的退化状态，草地保护修复任务还十分艰巨。“十四五”时期，我国将加快推进草地生态修复，实施退化草地修复 2.3 亿亩，提高草地生态系统的质量和稳定性。到 2025 年草地退化趋势得到根本遏制，草地综合植被盖度达到 57%。到 2035 年基本实现草畜平衡，退化草地得到有效治理和修复，草地综合植被盖度稳定在 60% 左右。

请在区域草地上设置生态参照区与草地退化监测区，规范测定草地退化相关监测指标，填写草地退化程度监测记录表，判定区域退化草地的退化程度级别。

## 任务工单

班级________ 姓名________ 学号________

<table>
<tr><td>任务名称</td><td colspan="4">监测草地退化</td></tr>
<tr><td>任务描述</td><td colspan="4">根据实际情况，填写本任务的内容、目的、流程和方法。<br>任务内容：________________________________________________。<br>任务目的：________________________________________________。<br>任务流程：________________________________________________。<br>任务方法：________________________________________________。</td></tr>
<tr><td>获取信息</td><td colspan="4">要完成任务，需要掌握相关的知识。请收集资料，回答以下问题。<br>1. 什么是草地退化？造成草地退化的因素哪些？<br><br>2. 草地退化可划分为哪些类型？<br><br>3. 监测草地退化时对设立的对照区有什么要求？<br><br>4. 草地退化监测时，必测项目有哪些？辅测项目有哪些？<br><br>5. 草地退化程度分级是如何进行评定的？</td></tr>
<tr><td>制订计划</td><td colspan="4">制订完成本任务的工作计划。</td></tr>
<tr><td rowspan="7">任务实施</td><td colspan="4">按照预先制订的工作计划，完成本任务，并记录任务实施过程。</td></tr>
<tr><td>序号</td><td>完成的任务</td><td>遇到的问题</td><td>解决办法</td></tr>
<tr><td></td><td></td><td></td><td></td></tr>
<tr><td></td><td></td><td></td><td></td></tr>
<tr><td></td><td></td><td></td><td></td></tr>
<tr><td></td><td></td><td></td><td></td></tr>
<tr><td></td><td></td><td></td><td></td></tr>
</table>

（续表）

| 任务评价 | 评价表 | | | | | |
|---|---|---|---|---|---|---|
| | 项目 | 评价内容 | 分值 | 自评 | 互评 | 师评 |
| | 知识技能 | 样方测定总盖度、种盖度、草层高度 | 10 | | | |
| | | 样方测定总产草量，分种计数植物个体数、测定其地上生物量 | 20 | | | |
| | | 计算优势种牧草的优势度 | 5 | | | |
| | | 测算样地浮沙堆积面积、鼠洞面积，获取土壤侵蚀模数 | 5 | | | |
| | | 测定 0～20 cm 土层有机质含量、全氮含量及土壤容重 | 15 | | | |
| | | 汇算相对监测指标结果，判定草地退化程度级别 | 10 | | | |
| | 任务进度 | 提前完成 10 分；正常完成 7～9 分；超时完成 3～6 分；未完成 0～2 分 | 10 | | | |
| | 任务质量 | 整体效果很好为 10 分；较好为 7～9 分；一般为 3～6 分；较差为 0～2 分 | 10 | | | |
| | 素养表现 | 遵规守纪，独立思考，严谨求实，积极探索 | 10 | | | |
| | 思政表现 | 有强烈的保护自然意识，积极践行习近平生态文明思想 | 5 | | | |

## 任务准备

### • 知识准备

知识链接7-1-1

草地退化的类型

#### 一、草地退化

草地退化是指天然草地在干旱、风沙、水蚀、盐碱、内涝、地下水位变化等不利自然因素的影响下，或过度放牧与割草等不合理利用，或滥挖、滥割、樵采破坏草地植被，引起草地生态环境恶化，草地牧草生物产量降低，品质下降，草地利用性能降低，甚至失去利用价值的过程。

处于顺向演替的草地，由于其生态环境改善，发生乔木定居、灌木侵入、滋生，草地植物群落趋于复杂，乔、灌成分比例上升，不可食草成分比例上升，从而导致草地可食生物产量降低，载畜能力下降，不视为草地退化过程。

知识链接 7-1-2

草地退化程度分级与分级指标

## 二、草地退化程度分级

草地退化可根据其退化的程度划分为三级：轻度退化、中度退化、严重退化。

## 三、草地退化指示植物

指示植物是指标志某类草地植被类型出现的特征种植物或标志草地出现退化、沙化、盐渍化具有指示意义的植物。

草地退化指示植物有醉马草、狼毒、披针叶黄华、棘豆、委陵菜、亚菊、香青、火绒草、橐吾、蓟、黄缨菊、风毛菊、龙胆、乌头、银莲花、翠雀、金莲花、青兰、香薷、马先蒿、兔耳草等。

知识链接 7-1-3

青海省天然草地退化指示植物

## 四、草地退化监测内容及方法

草地退化程度监测时，采用监测区与参照区对比监测的方式进行。参照区以监测点附近有相同的水热条件、相同草地类型的没有退化迹象草地植被特征与地表、土壤状况作为监测的辅助性依据。

### （一）必须监测项目

**1. 植物群落特征**

（1）总盖度。通过点测法或线测法测定草地植被总盖度。

（2）草层高度。利用钢卷尺测定监测区平均草层高度。

**2. 群落植物组成结构**

（1）优势种牧草优势度。对监测区优势种牧草测定其种盖度与地上生物量来计算其优势度。

（2）可食牧草个体数。计数样方中可食牧草个体数。

（3）不可食草与毒害草个体数。计数样方中不可食草与毒害草个体数。

**3. 指示植物**

（1）草地退化指示植物种个体数。计数样方中退化指示植物个体数。

（2）草地沙化指示植物种个体数。计数样方中沙化指示植物个体数。

（3）草地盐渍化指示植物种个体数。计数样方中盐渍化指示植物个体数。

**4. 地上部产草量**

（1）总产草量。通过样方测定法测定监测区草地总产草量。

（2）可食草产量。通过样方测定法测定监测区草地可食草产量。

（3）不可食草与毒害草产量。通过样方测定法测定监测区不可食草与毒害草产量。

#### 5. 土壤养分

测定 0～20 cm 土层土壤有机质含量。通过重铬酸钾法等测定有机质含量，也可用土壤有机质检测仪获得有机质含量。

### （二）辅助监测项目

#### 1. 地表特征

（1）浮沙堆积面积。测算监测区浮沙堆积面积。

（2）土壤侵蚀模数。土壤侵蚀模数指表层土壤在自然营力（水力、风力、重力及冻融等）和人为活动等的综合作用下，单位面积和单位时间内被剥蚀并发生位移的土壤侵蚀量。可通过实验法、公式法、标桩法、探坑法、调查法等方法获取，也可通过当地水土保持部门获得。

（3）鼠洞面积。测算监测区鼠洞面积。如果监测区草地已达到鼠害防治标准时，必须将“鼠洞面积”指标列入必须监测项目。

#### 2. 土壤理化性质

测定 0～20 cm 土层土壤容重。采用环刀法测定监测区土壤容重。

#### 3. 土壤养分

测定 0～20 cm 土层全氮含量。采用半微量凯氏法等测定土壤全氮含量，也可用土壤养分速测仪获得土壤全氮含量。

## 五、草地退化的评定方法

1. 50% 以上的必须监测项目指标达到某一退化级规定值时，则该草地视为退化草地。并以必须监测项目达标最多的退化级别确定为该草地的退化级别。

2. 70% 以上的必须监测项目指标未达到各级退化草地标准时，则认定该草地为未退化草地。

3. 当达到各级退化标准的必须监测项目指标占必须监测项目指标总数的 30%～50% 时，需要用辅助监测项目指标进一步评定。

（1）当必须监测项目指标中的 30%～50% 的项目指标达到轻度以上退化级别，且辅助监测项目指标中 40% 以上的指标达到轻度以上退化级别时，则认定为退化草地，并以必须监测项目达标最多的退化级别认定为其退化级别。

（2）当必须监测项目指标中 30%～50% 的项目指标达到轻度以上退化级别，而辅助监测项目指标中达到轻度以上退化级别的少于 40% 时，视为未退化草地。

知识链接 7-1-4

GB 19377—2003 天然草地退化、沙化、盐渍化的分级指标

## • 材料准备

参照区草地植被特征与地表、土壤状况本底资料、草地退化程度监测记录表。

- **工具准备**

GNSS 定位仪、罗盘仪、照相机（手机）、计算器、测绳、标示隔离带、铁锹、铁锤、标牌、标桩、样方框、点测刺针、钢卷尺、皮卷尺、剪草剪刀、戥子称（或电子秤）、草样袋、土样袋、土壤有机质检测仪、环刀、土壤养分速测仪、A4 板夹、铅笔、记号笔等。

- **人员准备**

**任务分工**

| 任务角色 | 任务内容 |
| --- | --- |
| 组长： | 任务：组织小组成员选定参照区及监测区，讨论确定草地退化各监测指标测定的方式方法及监测数据汇算方式，分配工作任务，汇算监测数据，评定其草地退化程度级别。 |
| 组员 1： | 任务：参与讨论，样方测定总盖度、种盖度、草层高度。 |
| 组员 2： | 任务：参与讨论，样方测定总产草量、分种计数植物个体数、分种测定地上生物量。 |
| 组员 3： | 任务：参与讨论，测算样地浮沙堆积面积、鼠洞面积，获取土壤侵蚀模数。 |
| 组员 4： | 任务：参与讨论，测定 0～20 cm 土层有机质含量、全氮含量及土壤容重。 |

## 任务筹划

完成草地退化监测工作，需要筹划以下 4 个方面的事项。

（1）判定草地退化程度级别，采用的是监测区与参照区对比监测的方式进行。故需要提前获取参照区草地植被特征与地表、土壤状况本底数据作为对照的标准，若缺乏区域参照区本底数据，则须同时测定参照区、监测区的所有监测项。

（2）必须正确判别草地优势种、退化指示植物、沙化指示植物、盐渍化指标植物，才能保证相关监测指标测定的可靠性。

（3）利用草地退化程度分级与分级指标判定各监测项目时须注意不能直接利用各监测项目的测定值，而是要将测定值转化为与对照区本底数据对比的相对百分数变化值进行评判。

（4）对监测区草地退化程度级别的判定必须根据必测项目与辅测项目的评定规则进行综合评定。

## 任务实施

步骤一：设置草地生态参照区与退化监测区，测定草地退化必须监测项目及辅助监测项目的各项指标。

步骤二：计算草地生态参照区与退化监测区必须监测项目及辅助监测项目各指标值的相对变化率，综合判定区域草地退化程度。

草地退化程度监测记录表

### 任务总结

______________________________________________

______________________________________________

______________________________________________。

### 任务检测

请扫码答题。

任务检测（上）　任务检测（下）

## 任务二　监测草地沙化

### 任务导入

中国是世界上荒漠化、沙化面积最大、受影响人口最多、风沙危害最重的国家之一。近年来，中国实施一系列重大工程，逐步建立起北方风沙线上的绿色生态屏障，京津风沙源治理工程实施 20 多年完成营造林面积 902.9 万 $hm^2$，三北防护林体系建设工程实施 40 多年完成营造林面积 3 014 万 $hm^2$。毛乌素、浑善达克、科尔沁三大沙地和库布齐沙漠周边等重点治理区，已由昔日“不毛之地”变为“塞上绿洲”。近十年来，中国累计完成防沙治沙任务 2.82 亿亩，封禁保护沙化土地 2 658 万亩，全国一半以上可治理沙化土地得到治理，全国沙化土地面积减少 6 490 多万亩，沙区生态环境得到明显改善，实现了由“沙进人退”到“绿进沙退”的历史性转变。第六次全国荒漠化和沙化调查结果显示，我国荒漠化和沙化土地面积持续减少。截至 2019 年，我国荒漠化土地面积 257.37 万 $km^2$，沙化土地面积 168.78 万 $km^2$，与 2014 年相比分别净减少 37 880 $km^2$、33 352 $km^2$，中国荒漠化和沙化土地面积已经连续 4 个监测期保持“双缩减”，首次实现所有调查省级行政区荒漠化和沙化土地“双逆转”。今天的中国已经走在了荒漠化防治的前沿，我们的经验、技术、成果已经走出国门，为全世界提供防沙治沙的中国方案。

请在区域草地上设置生态参照区与草地沙化监测区，规范测定草地沙化相关监测指标，填写草地沙化程度监测记录表，判定区域沙化草地的沙化程度级别。

## 任务工单

班级＿＿＿＿＿＿＿＿　姓名＿＿＿＿＿＿＿＿　学号＿＿＿＿＿＿＿＿

<table>
<tr><td>任务名称</td><td colspan="4">监测草地沙化</td></tr>
<tr><td>任务描述</td><td colspan="4">根据实际情况，填写本任务的内容、目的、流程和方法。<br>任务内容：＿＿＿＿＿＿＿＿。<br>任务目的：＿＿＿＿＿＿＿＿。<br>任务流程：＿＿＿＿＿＿＿＿。<br>任务方法：＿＿＿＿＿＿＿＿。</td></tr>
<tr><td>获取信息</td><td colspan="4">要完成任务，需要掌握相关的知识。请收集资料，回答以下问题。<br>1. 什么是草地沙化？造成草地沙化的因素哪些？<br>2. 草地沙化指示植物有哪些？<br>3. 草地沙化监测时，必测项目有哪些？辅测项目有哪些？<br>4. 沙化草地的地形特征，一般是通过哪些方面进行描述？<br>5. 草地沙化程度分级是如何进行评定的？</td></tr>
<tr><td>制订计划</td><td colspan="4">制订完成本任务的工作计划。</td></tr>
<tr><td rowspan="6">任务实施</td><td colspan="4">按照预先制订的工作计划，完成本任务，并记录任务实施过程。</td></tr>
<tr><td>序号</td><td>完成的任务</td><td>遇到的问题</td><td>解决办法</td></tr>
<tr><td></td><td></td><td></td><td></td></tr>
<tr><td></td><td></td><td></td><td></td></tr>
<tr><td></td><td></td><td></td><td></td></tr>
<tr><td></td><td></td><td></td><td></td></tr>
</table>

（续表）

| 任务评价 | 评价表 | | | | | |
|---|---|---|---|---|---|---|
| | 项目 | 评价内容 | 分值 | 自评 | 互评 | 师评 |
| | 知识技能 | 样方测定总盖度、沙生植物种盖度 | 10 | | | |
| | | 样方测定总产草量，可食草产量、沙生植物草产量 | 20 | | | |
| | | 计算沙生植物优势度 | 5 | | | |
| | | 测算样地裸沙区的面积 | 5 | | | |
| | | 测定 0～20 cm 土层有机质含量、全氮含量及粗砂粒含量、物理性黏粒含量 | 15 | | | |
| | | 汇算相对监测指标结果，判定草地沙化程度级别 | 10 | | | |
| | 任务进度 | 提前完成 10 分；正常完成 7～9 分；超时完成 3～6 分；未完成 0～2 分 | 10 | | | |
| | 任务质量 | 整体效果很好为 10 分；较好为 7～9 分；一般为 3～6 分；较差为 0～2 分 | 10 | | | |
| | 素养表现 | 遵规守纪，独立思考，严谨求实，积极探索 | 10 | | | |
| | 思政表现 | 有强烈的保护自然意识，积极践行习近平生态文明思想 | 5 | | | |

## 任务准备

### • 知识准备

#### 一、草地沙化

草地沙化是指不同气候带具沙质地表环境的草地受风蚀、水蚀、干旱、鼠虫害和人为不当经济活动等因素影响，如长期的超载过牧、不合理的垦殖、滥伐与樵采、滥挖药材等，使天然草地遭受不同程度破坏，土壤受侵蚀，土质变粗沙化，土壤有机质含量下降，营养物质流失，草地生产力减退，致使原非沙漠地区的草地，出现以风沙活动为主要特征的类似沙漠景观的草地退化过程。草地沙化是草地退化的一种特殊类型。

## 二、草地沙化程度分级

知识链接 7-2-1

草地沙化程度分级与分级指标

草地沙化可根据其沙化的程度划分为三级：轻度沙化、中度沙化、严重沙化。

## 三、草地沙化指示植物

草地沙化指示植物有沙蓬、油柴、红砂、柽柳、驼绒藜、猪毛菜、沙棘、花棒、骆驼刺、梭梭、白刺、沙拐枣、霸王、固沙草、拂子茅等。

## 四、草地沙化监测内容及方法

草地沙化程度监测时，采用监测区与参照区对比监测的方式进行。参照区以监测点附近有相同的水热条件、相同草地类型的没有沙化迹象草地植被特征与地表、土壤状况作为监测的辅助性依据。

### （一）必须监测项目

#### 1. 植物群落特征

（1）植被组成。通过目测估计法或计算优势度来判定沙生植物在草地群落中的地位。

（2）总盖度。通过点测法或线测法测定草地植被总盖度。

#### 2. 指示植物

通过计数的方式统计草地沙漠化指示植物的个体数。

#### 3. 地上部产草量

（1）总产草量。通过样方测定法测定监测区草地总产草量。

（2）可食草产量。通过样方测定法测定监测区草地可食草产量。

#### 4. 地形特征

目测描述估计沙地、沙丘、风蚀坑的性质与大小。

#### 5. 裸沙面积

主要测定监测区中裸沙区的面积。

### （二）辅助监测项目

监测内容为 0～20 cm 土层的土壤理化性质。

#### 1. 机械组成

（1）粒径大于 0.05 mm 粗砂粒含量。通过 0～20 cm 土层的土壤样品过筛称重计算获得。

（2）粒径小于 0.01 mm 物理性黏粒含量。通过 0～20 cm 土层的土壤样品过筛称重计算获得。

### 2. 养分含量

（1）有机质含量。通过重铬酸钾法等测定 0～20 cm 土层土壤的有机质含量，也可用土壤有机质检测仪获得有机质含量。

（2）全氮含量。采用半微量凯氏法等测定 0～20 cm 土层土壤的全氮含量，也可用土壤养分速测仪获得土壤全氮含量。

## 五、草地沙化评定方法

1. 50% 以上的必须监测项目指标达到某一级沙化级规定值时，则该草地视为沙化草地。并以必须监测项目达标最多的沙化级别确定为该草地的沙化级别。

2. 70% 以上的必须监测项目指标未达到各级沙化草地标准时，则认定该草地为未沙化草地。

3. 当达到各级沙化标准的必须监测项目指标占必须监测项目指标总数的 30%～50% 时，需要用辅助监测项目指标进一步评定。

（1）当必须监测项目指标中的 30%～50% 的项目指标达到轻度以上沙化级别，且辅助监测项目指标中 40% 以上的指标达到轻度以上沙化级别时，则认定为沙化草地，并以必须监测项目达标最多的沙化级别认定为其沙化级别。

（2）当必须监测项目指标中 30%～50% 的项目指标达到轻度以上沙化级别，而辅助监测项目指标中达到轻度以上沙化级别的少于 40% 时，视为未沙化草地。

4. 轻度沙化草地视为中度退化草地，中度或严重沙化草地视为严重退化草地。

## • 材料准备

参照区草地植被特征与地表、土壤状况本底资料、草地沙化程度监测记录表。

## • 工具准备

GNSS 定位仪、罗盘仪、照相机（手机）、计算器、测绳、标示隔离带、铁锹、铁锤、标牌、标桩、样方框、点测刺针、钢卷尺、皮卷尺、剪草剪刀、戥子称（或电子秤）、草样袋、土样袋、土壤有机质检测仪、土壤养分速测仪、土壤筛、A4 板夹、铅笔、记号笔等。

## • 人员准备

**任务分工**

| 任务角色 | 任务内容 |
|---|---|
| 组长： | 任务：组织小组成员选定参照区及监测区，讨论确定草地沙化各监测指标测定的方式方法及监测数据汇算方式，分配工作任务，汇算监测数据，评定其草地沙化程度级别。 |
| 组员 1： | 任务：参与讨论，样方测定总盖度、沙生植物种盖度，描述监测区植被组成及地形特征。 |
| 组员 2： | 任务：参与讨论，样方测定总产草量，可食草产量、沙生植物草产量。 |

（续表）

| 任务角色 | 任务内容 |
|---|---|
| 组员 3： | 任务：参与讨论，测算样地裸沙区的面积，粒径大于 0.05 mm 粗砂粒含量、粒径小于 0.01 mm 物理性黏粒含量。 |
| 组员 4： | 任务：参与讨论，测定 0～20 cm 土层有机质含量、全氮含量。 |

## 任务筹划

完成草地沙化监测工作，需要筹划以下 4 个方面的事项。

（1）判定草地沙化程度级别，采用的是监测区与参照区对比监测的方式进行。故需要提前获取参照区草地植被特征与地表、土壤状况本底数据作为对照的标准，若缺乏区域参照区本底数据，则须同时测定参照区、监测区的所有监测项。

（2）必须正确判别草地沙生植物和沙地、沙丘、风蚀坑的性质与大小，才能保证相关监测指标判定的可靠性。

（3）利用草地沙化程度分级与分级指标判定各监测项目时须注意不能直接利用各监测项目的测定值，而是要将测定值转化为与对照区本底数据对比的相对百分数变化值进行评判。

（4）对监测区草地沙化程度级别的判定必须根据必测项目与辅测项目的评定规则进行综合评定。

## 任务实施

步骤一：设置草地生态参照区与沙化监测区，测定草地沙化必须监测项目及辅助监测项目的各指标。

步骤二：计算草地生态参照区与沙化监测区必须监测项目及辅助监测项目各指标值的相对变化率，综合判定区域草地沙化程度。

草地沙化程度监测记录表

## 任务总结

______________________________________________

______________________________________________

______________________________________________

______________________________________________。

## 任务检测

请扫码答题。

任务检测（上） 任务检测（下）

# 任务三 监测草地盐渍化

## 任务导入

当前，全世界盐碱地面积约 9.54 亿 $hm^2$，并且以每年 100 万～150 万 $hm^2$ 的速度不断增长。我国盐碱地面积约 9 913 万 $hm^2$，其中草地占了较大比重。当土壤表层或亚表层（厚度为 10～30 cm）中，水溶性盐类累计量超过 0.1% 或 0.2%（富含石膏条件下），或土壤碱化层的碱化度超过 5%，就构成盐渍化草地。

请在区域草地上设置生态参照区与草地盐渍化监测区，规范测定草地盐渍化相关监测指标，填写草地盐渍化程度监测记录表，判定区域盐渍化草地的盐渍化程度级别。

## 任务工单

班级__________ 姓名__________ 学号__________

| 任务名称 | 监测草地盐渍化 |
|---|---|
| 任务描述 | 根据实际情况，填写本任务的内容、目的、流程和方法。<br>任务内容：____________________。<br>任务目的：____________________。<br>任务流程：____________________。<br>任务方法：____________________。 |
| 获取信息 | 要完成任务，需要掌握相关的知识。请收集资料，回答以下问题。<br>1. 什么是草地盐渍化？造成草地盐渍化的因素哪些？<br>2. 什么是土壤盐化？什么是土壤碱化？<br>3. 草地耐盐碱指示植物有哪些？ |

（续表）

<table>
<tr><td>获取信息</td><td>4. 草地盐渍化监测时，必测项目有哪些？辅测项目有哪些？<br>5. 草地盐渍化程度级别是如何进行评定的？</td></tr>
<tr><td>制订计划</td><td>制订完成本任务的工作计划。</td></tr>
<tr><td>任务实施</td><td>按照预先制订的工作计划，完成本任务，并记录任务实施过程。
<table>
<tr><td>序号</td><td>完成的任务</td><td>遇到的问题</td><td>解决办法</td></tr>
<tr><td></td><td></td><td></td><td></td></tr>
<tr><td></td><td></td><td></td><td></td></tr>
<tr><td></td><td></td><td></td><td></td></tr>
<tr><td></td><td></td><td></td><td></td></tr>
</table></td></tr>
<tr><td>任务评价</td><td>评价表
<table>
<tr><td>项目</td><td>评价内容</td><td>分值</td><td>自评</td><td>互评</td><td>师评</td></tr>
<tr><td rowspan="7">知识技能</td><td>样方测定总盖度、耐盐碱植物种盖度</td><td>10</td><td></td><td></td><td></td></tr>
<tr><td>样方测定总产草量，可食草产量、耐盐碱植物草产量</td><td>10</td><td></td><td></td><td></td></tr>
<tr><td>计算耐盐碱植物优势度</td><td>5</td><td></td><td></td><td></td></tr>
<tr><td>测算样地盐碱斑的面积</td><td>5</td><td></td><td></td><td></td></tr>
<tr><td>测定 0～20 cm 土层土壤含盐量及 pH 值</td><td>10</td><td></td><td></td><td></td></tr>
<tr><td>测定地下水潜水位、矿化度，0～20 cm 土层有机质含量、全氮含量</td><td>15</td><td></td><td></td><td></td></tr>
<tr><td>汇算相对监测指标结果，判定草地盐渍化程度级别</td><td>10</td><td></td><td></td><td></td></tr>
<tr><td>任务进度</td><td>提前完成 10 分；正常完成 7～9 分；超时完成 3～6 分；未完成 0～2 分</td><td>10</td><td></td><td></td><td></td></tr>
<tr><td>任务质量</td><td>整体效果很好为 10 分；较好为 7～9 分；一般为 3～6 分；较差为 0～2 分</td><td>10</td><td></td><td></td><td></td></tr>
<tr><td>素养表现</td><td>遵规守纪，独立思考，严谨求实，积极探索</td><td>10</td><td></td><td></td><td></td></tr>
<tr><td>思政表现</td><td>有强烈的保护自然意识，积极践行习近平生态文明思想</td><td>5</td><td></td><td></td><td></td></tr>
</table></td></tr>
</table>

## 任务准备

### • 知识准备

#### 一、草地盐渍化

草地盐渍化也叫草地盐碱化，是指干旱、半干旱和半湿润半干旱区的河湖平原草地、内陆高原低湿地草地及沿海泥沙质海岸带草地，在受盐（碱）地下水或海水浸渍，或受内涝，或受人为不合理的利用与灌溉影响，其土壤处于近代积盐，形成草地土壤次生盐渍化的过程，是一种特殊的草地退化类型。

草地盐渍化具体表现为草地土壤的盐（碱）含量增加到足以阻碍牧草生长，致耐盐碱力弱的优良牧草减少，盐生植物比例增加，牧草生物产量降低，草地利用性能降低，盐碱斑面积扩大。

如果是土壤本底盐（碱）含量较高的盐化低地草甸草地、滩涂盐生草甸草地、盐生荒漠草地，其草地植被组成及生物产量变化不大，土壤盐碱含量与原本的盐（碱）含量相比增加不明显，不属于草地盐渍化。

知识链接7-3-1

盐渍化草地的形成机制

#### 二、草地盐渍化程度分级

草地盐渍化可根据其盐渍化的程度划分为三级：轻度盐渍化、中度盐渍化、严重盐渍化。

知识链接7-3-2

草地盐渍化程度分级与分级指标

#### 三、草地盐碱指示植物

草地盐碱指示植物有西伯利亚蓼、碱蓬、银灰旋花、碱蒿、虎尾草、隐花草、碱茅、海乳草、碱莎草、铁秆蒿、寸草苔、碱韭、獐毛、马蔺、芦苇、盐爪爪、黄花补血草等。

#### 四、草地盐渍化监测内容及方法

草地盐渍化程度监测时，采用监测区与参照区对比监测的方式进行。参照区以监测点附近有相同的水热条件、相同草地类型的没有盐渍化迹象草地植被特征与地表、土壤状况作为监测的辅助性依据。

##### （一）必须监测项目

**1. 草地群落特征**

（1）耐盐碱植物。通过目测估计法或计算优势度来判定耐盐碱植物在草地群落中的地位。

（2）总盖度。通过点测法或线测法测定草地植被总盖度。

2. 地上部产草量

（1）总产草量。通过草地样方测定法测定监测区草地总产草量。

（2）可食草产量。通过草地样方测定法测定监测区草地可食草产量。

3. 地表特征

主要测定监测区中盐碱斑的面积。

4. 土壤理化性质

（1）土壤含盐量。采用重量法等测定 0～20 cm 土层土壤含盐量，也可直接用土壤盐分速测仪获得土壤含盐量。

（2）pH 值。采用比色法等测定 0～20 cm 土层土壤 pH 值，也可直接用土壤 pH 值分析计获得土壤 pH 值。

### （二）辅助监测项目

1. 地下水

（1）潜水位。通过钻孔法等测定潜水位，也可通过当地地下水勘查部门获得。

（2）矿化度。采用重量法、电导率法等测定地下水矿化度。

2. 土壤养分

（1）有机质含量。通过重铬酸钾法等测定 0～20 cm 土层土壤的有机质含量，也可用土壤有机质检测仪获得有机质含量。

（2）全氮含量。采用半微量凯氏法等测定 0～20 cm 土层土壤的全氮含量，也可用土壤养分速测仪获得土壤全氮含量。

## 五、草地盐渍化评定方法

1. 50% 以上的必须监测项目指标达到某一级盐渍化规定值时，则该草地视为盐渍化草地。并以必须监测项目达标最多的盐渍化级别确定为该草地的盐渍化级别。

2. 70% 以上的必须监测项目指标未达到各级盐渍化草地标准时，则认定该草地为未盐渍化草地。

3. 当达到各级盐渍化标准的必须监测项目指标占必须监测项目指标总数的 30%～50% 时，需要用辅助监测项目指标进一步评定。

（1）当必须监测项目指标中的 30%～50% 的项目指标达到轻度以上盐渍化级别，且辅助监测项目指标中 40% 以上的指标达到轻度以上盐渍化级别时，则认定为盐渍化草地，并以必须监测项目达标最多的盐渍化级别认定为其盐渍化级别。

（2）当必须监测项目指标中 30%～50% 的项目指标达到轻度以上盐渍化级别，而辅助监测项目指标中达到轻度以上盐渍化级别的少于 40% 时，视为未盐渍化草地。

4. 轻度盐渍化草地视为中度退化草地，中度或严重盐渍化草地视为严重退化草地。

- **材料准备**

参照区草地植被特征与地表、土壤状况本底资料、草地盐渍化程度监测记录表。

- **工具准备**

GNSS 定位仪、罗盘仪、照相机（手机）、计算器、测绳、标示隔离带、铁锹、铁锤、标牌、标桩、样方框、点测刺针、钢卷尺、皮卷尺、剪草剪刀、戥子称（或电子秤）、草样袋、土样袋、土壤有机质检测仪、土壤养分速测仪、酸碱试纸、pH 计、A4 板夹、铅笔、记号笔等。

- **人员准备**

**任务分工**

| 任务角色 | 任务内容 |
| --- | --- |
| 组长： | 任务：组织小组成员选定参照区及监测区，讨论确定草地盐渍化各监测指标测定的方式方法及监测数据汇算方式，分配工作任务，汇算监测数据，评定其草地盐渍化程度级别。 |
| 组员 1： | 任务：参与讨论，样方测定总盖度、耐盐碱植物种盖度，测算耐盐碱植物优势度。 |
| 组员 2： | 任务：参与讨论，样方测定总产草量，可食草产量、耐盐碱植物草产量。 |
| 组员 3： | 任务：参与讨论，测算样地盐碱斑的面积，测定 0～20 cm 土层土壤含盐量及 pH 值。 |
| 组员 4： | 任务：参与讨论，测定地下水潜水位、矿化度，0～20 cm 土层有机质含量、全氮含量。 |

## 任务筹划

完成草地盐渍化监测工作，需要筹划以下 4 个方面的事项。

（1）判定草地盐渍化程度级别，采用的是监测区与参照区对比监测的方式进行。故需要提前获取参照区草地植被特征与地表、土壤状况本底数据作为对照的标准，若缺乏区域参照区本底数据，则须同时测定参照区、监测区的所有监测项目。

（2）必须正确判别草地盐生植物、耐盐碱植物，才能保证相关监测指标判定的可靠性。

（3）利用草地盐渍化程度分级与分级指标判定各监测项目时须注意不能直接利用各监测项目的测定值，而是要将测定值转化为与对照区本底数据对比的相对百分数变化值进行评判。

（4）对监测区草地盐渍化程度级别的判定必须根据必须监测项目与辅助监测项目的评定规则进行综合评定。

## 任务实施

步骤一：设置草地生态参照区与盐渍化监测区，测定草地盐渍化必须监测项目及辅助监测项目的各指标。

步骤二：计算草地生态参照区与盐渍化监测区必须监测项目及辅助监测项目各指标值的相对变化率，综合判定区域草地盐渍化程度。

草地盐渍化程度监测记录表

## 任务总结

________________________________________

________________________________________

________________________________________

________________________________________。

## 任务检测

请扫码答题。

任务检测（上）　任务检测（下）

# 项目八　监测草地灾害

## 项目导读

草地灾害是由于自然因素及人为因素或二者共同作用导致草地资源及其环境一定程度破坏的灾害。根据草地灾害成因，主要分为气象灾害，如雪灾、火灾、旱灾、大风灾害等；生物灾害，如病、虫、鼠灾等；人为灾害，如过牧等。这些灾害之间互为因果有着复杂的相互关系，它们都是由于自然异常变化或人类活动影响草地生态服务功能，破坏草地农业生态系统草—畜—人的和谐、平衡，造成经济损失和人员伤亡。为此调查监测草地灾害不仅对草地植物生产层具有重要意义，更对增强草原牧区抗灾防灾能力，提高畜牧业生产水平和生产效益也有着重要的意义。以下为近5年我国草地主要发生的灾害情况统计数据。

**2018—2022年我国草地主要灾害情况统计**

| 年份及灾害情况 | 2018年 | 2019年 | 2020年 | 2021年 | 2022年 |
|---|---|---|---|---|---|
| 鼠害危害面积（万公顷） | 2 578.7 | 3 675.5 | 3 444.7 | 3 761.9 | 3 548.3 |
| 虫害危害面积（万公顷） | 1 234.5 | 1 097.3 | 983.9 | 791.9 | 746.8 |
| 有害植物危害面积（万公顷） | — | 1 798.0 | 839.9 | 611.2 | 522.8 |
| 火灾受害草地面积（公顷） | 2 600 | 66 705 | 11 046 | 4 170 | 3 183 |
| 草地火灾次数（起） | 39 | 45 | 13 | 18 | 21 |

备注：2019年火灾中有特大火灾2起、重大火灾1起，重特大火灾均为境外火引发。

本项目从认识草地灾害入手，通过行动导向"六步法"的操作流程，了解各类草地灾害的成因、危害及级别划分的相关知识，熟悉草地灾害调查监测的方式方法，掌握草地灾害调查监测指标的测定技能，规范填写各类草地灾害调查监测记录表。

## 知识目标

（1）掌握草地雪灾、旱灾、火灾及生物灾害的概念。

（2）了解各类草地灾害的成因、危害及级别划分。

（3）熟悉各类草地灾害的调查监测方式方法。

## 技能目标

（1）能够正确测定各类草地灾害的监测指标。

（2）能够正确判定各类草地灾害的危害级别。

（3）能够规范填写各类草地灾害调查监测记录表。

## 素养目标

（1）树立安全意识。了解灾情调查监测中的各项野外工作风险，熟知灾区野外工作安全常识。

（2）提升交流沟通能力。能主动接触陌生人，通过聆听、交谈、交流，以获取信息。

（3）提升团队合作能力。能认知自己在团队中的角色，主动承担工作任务及责任，尊重他人意见，遵从集体决策，遵守各种行为规范和操作规范。

## 思政目标

（1）厚植尊农、爱农、护农、悯农情怀，做农牧人、干农牧事，增强投身“三农”的自豪感。

（2）传承和发扬“创业、求实、奉献”的“湟源牧校”精神，牢牢扎根基层，全力服务“三农”。

# 任务一　监测草地雪情

### 任务导入

雪灾是我国草原牧区冬春季最严重的气象灾害。据有关资料统计，1956—1996年，仅青海省就发生11次严重雪灾，累计死亡牲畜854万头（只），造成直接经济损失11.87亿元。1996年青南牧区发生特大雪灾，牲畜死亡108万头（只），死亡率高达40%，直接经济损失约1.62亿元，相当于青海省当年畜牧业生产总值的1/8。2019年冬季至2020年春季，青南牧区及海西17站达到气象雪灾标准，其中玛多、达日、杂多、甘德、清水河、大柴旦6站达到特重度雪灾标准，清水河积雪日数维持时间长达117天（2019年12月1日至2020年3月26日），最大积雪厚度达19厘米。2021年初，青海省玉树州连续出现12次明显降雪过程，造成持续性积雪，最大积雪深度达22厘米，造成大量牲畜死亡，玉树、果洛部分乡镇道路中断。雪灾造成玉树、果洛、海西3自治州13个县20.7万人受灾，需要紧急生活救助，5.3万头（只）牲畜死亡，直接经济损失2.1亿元。

请收集自己家乡所在的区域（州、县或乡镇）历年发生雪灾的各类资料，填写草地雪情记录表，判定其雪灾等级。

## 任务工单

班级＿＿＿＿＿＿＿＿　姓名＿＿＿＿＿＿＿＿　学号＿＿＿＿＿＿＿＿

<table>
<tr><td>任务名称</td><td colspan="4">监测草地雪情</td></tr>
<tr><td>任务描述</td><td colspan="4">根据实际情况，填写本任务的内容、目的、流程和方法。<br>任务内容：＿＿＿＿＿＿＿＿＿＿＿＿＿＿＿＿＿＿＿＿＿＿＿＿＿＿＿＿。<br>任务目的：＿＿＿＿＿＿＿＿＿＿＿＿＿＿＿＿＿＿＿＿＿＿＿＿＿＿＿＿。<br>任务流程：＿＿＿＿＿＿＿＿＿＿＿＿＿＿＿＿＿＿＿＿＿＿＿＿＿＿＿＿。<br>任务方法：＿＿＿＿＿＿＿＿＿＿＿＿＿＿＿＿＿＿＿＿＿＿＿＿＿＿＿＿。</td></tr>
<tr><td>获取信息</td><td colspan="4">要完成任务，需要掌握相关的知识。请收集资料，回答以下问题。<br>1. 什么是牧区雪灾？牧区雪灾会造成哪些方面的危害？<br>2. 形成牧区雪灾的影响因素有哪些？<br>3. 牧区雪灾等级可分为哪些等级？如何判定牧区雪灾等级？<br>4. 什么是积雪掩埋牧草程度？积雪掩埋牧草程度如何进行测算？<br>5. 什么是积雪面积比？积雪面积比如何进行测算？</td></tr>
<tr><td>制订计划</td><td colspan="4">制订完成本任务的工作计划。</td></tr>
<tr><td rowspan="6">任务实施</td><td colspan="4">按照预先制订的工作计划，完成本任务，并记录任务实施过程。</td></tr>
<tr><td>序号</td><td>完成的任务</td><td>遇到的问题</td><td>解决办法</td></tr>
<tr><td></td><td></td><td></td><td></td></tr>
<tr><td></td><td></td><td></td><td></td></tr>
<tr><td></td><td></td><td></td><td></td></tr>
<tr><td></td><td></td><td></td><td></td></tr>
</table>

（续表）

| | 评价表 | | | | | |
|---|---|---|---|---|---|---|
| | 项目 | 评价内容 | 分值 | 自评 | 互评 | 师评 |
| 任务评价 | 知识技能 | 收集区域相关雪情资料 | 20 | | | |
| | | 正确计算积雪掩埋牧草程度 | 10 | | | |
| | | 正确计数积雪持续日数 | 10 | | | |
| | | 正确计算积雪面积比 | 10 | | | |
| | | 正确判定牧区雪灾等级 | 10 | | | |
| | 任务进度 | 提前完成 10 分；正常完成 7～9 分；超时完成 3～6 分；未完成 0～2 分 | 10 | | | |
| | 任务质量 | 整体效果很好为 10 分；较好为 7～9 分；一般为 3～6 分；较差为 0～2 分 | 10 | | | |
| | 素养表现 | 团队分工明确，资料收集翔实，计算严谨求实，结果真实可靠 | 15 | | | |
| | 思政表现 | 理解“湟源牧校”精神实质，立志服务农村牧区 | 5 | | | |

## 任务准备

### • 知识准备

### 一、草地雪灾

在草原牧区，因降雪量过大、积雪过深或持续时间过长，造成无法放牧或草食家畜采食困难，导致放牧家畜大量掉膘甚至造成大量牲畜死亡、失踪，牧民生活严重困难，甚至发生死伤、疾病的成灾现象叫作雪灾。我国雪灾分布范围极为广泛，主要发生在青藏高原等地区。

### 二、雪灾的类型

知识链接 8-1-1

草地类型及畜种与雪灾形成的关联

根据发生条件和成灾特点，雪灾可分为以下 2 种。

**1. 猝发型雪灾**

发生在暴风雪天气过程之中或以后，在短期内对人畜造成危害，多发生在天气多变的深秋和春季。

**2. 持续型雪灾**

伴随持续性风雪天气，地面积雪不断增加，灾害过程持续发展，常发生在秋末到第二年春季。

## 三、形成雪灾的影响因素

雪灾的发生不仅自然因素的影响，还受社会经济因素的影响。

### 1. 自然因素

降雪量、气温、雪深、积雪日数、坡度、坡向、草地类型、牧草高度等。

### 2. 社会经济因素

畜群结构、饲草料储备、雪灾准备金、区域经济发展水平等。

## 四、牧区雪灾等级划分

依据积雪掩埋牧草程度、积雪持续日数和积雪面积比这三项指标，将牧区雪灾等级，分为轻灾、中灾、重灾和特大灾四个等级（表 8-1-1）。

**表 8-1-1　牧区雪灾等级表**

| 雪灾等级 | 积雪状态 | | |
|---|---|---|---|
| | 积雪掩埋牧草程度（r） | 积雪持续日数（d） | 积雪面积比（S） |
| 轻灾 | 0.30≤r＜0.50 | d≥10 | S≥20% |
| | 0.50≤r＜0.70 | d≥7 | |
| | r≥0.70 | d≥5 | |
| 中灾 | 0.50≤r＜0.70 | d≥10 | S≥40% |
| | 0.70≤r＜0.90 | d≥7 | |
| | r≥0.90 | d≥5 | |
| 重灾 | 0.50≤r＜0.70 | d≥10 | S≥60% |
| | 0.70≤r＜0.90 | d≥7 | |
| | r≥0.90 | d≥5 | |
| 特大灾 | 0.70≤r＜0.90 | d≥10 | S≥80% |
| | r≥0.90 | d≥7 | |

每个等级可能造成的受灾情况如下。

### 1. 轻灾

一般自然灾害，将影响牛的采食，对羊的影响尚小，而对马则无影响，牲畜死亡数量在 2 万只（羊单位）以上，5 万只（羊单位）以下。

知识链接 8-1-2

GB/T 20482—2017
牧区雪灾等级

### 2. 中灾

较大自然灾害，将影响牛、羊的采食，对马的影响尚小，牲畜死亡数量在 5 万只（羊单位）以上，10 万只（羊单位）以下。

### 3. 重灾

重大自然灾害，将影响各类牲畜的采食，牛、羊损失较大，出现死亡，牲畜死亡数量在 10 万只（羊单位）以上，20 万只（羊单位）以下。

**4. 特大灾**

特大自然灾害，将影响各类牲畜的采食，如果防御不当将造成大批牲畜死亡，牲畜死亡数量在 20 万只（羊单位）以上。

## 五、草地雪情调查监测

草地雪情调查监测采用遥感监测结合地面调查监测的方式进行。可通过区域气象部门获取区域平均降雪量、降雪时段等雪情信息，通过航空卫星遥感图像的分析获取区域草地积雪面积及草地积雪平均深度等数据。地面监测主要是在冬季对样地的降雪日期、积雪深度、积雪日数等进行实地记录和测定。

### （一）积雪掩埋牧草程度

积雪掩埋牧草程度是指积雪深度与牧草草群平均高度的比值，即：

$$积雪掩埋牧草程度（r）= \frac{积雪深度 (cm)}{草群平均高度 (cm)}$$

积雪深度是指从积雪表面到地面的垂直深度，可通过地面直尺实测多个典型点位的方法来获得积雪深度的平均值。草群平均高度是指草地上草本层中绝大多数优势种（或共优种）自地面至最顶端的自然高度。

### （二）积雪持续日数

积雪持续日数是指草地上地面积雪稳定维持的连续日数，单位为天（d）。调查监测时通过实际记录或问询当地牧民群众的方式获得自降雪日开始计数的草地积雪持续日数。

知识链接 8-1-3

鹰娘

### （三）积雪面积比

积雪面积比是指某区域草地积雪面积与实际草地面积之比。用 S 表示，数值以百分数（%）表示。即：

$$积雪面积比= \frac{区域草地积雪面积 (hm^2)}{区域草地总面积 (hm^2)} \times 100\%$$

积雪面积指积雪覆盖草地的面积，单位为公顷（$hm^2$）。

### （四）草食家畜死亡数量

草食家畜死亡数量的调查主要通过逐户走访调查或行政区域相关单位统计数据折算为标准羊单位来获得。

- **材料准备**

区域（州、县或乡镇）雪情相关资料，区域草地雪情记录表。

- **工具准备**

GNSS 定位仪、测绳、皮卷尺、标示隔离带、照相机、罗盘仪、样方框、铁锹、铁锤、标牌、标桩、直尺、钢卷尺、铅笔等。

- **人员准备**

**任务分工**

| 任务角色 | 任务内容 |
| --- | --- |
| 组长： | 任务：组织小组成员讨论需要收集的雪情相关资料内容、分配工作任务，组织完成积雪掩埋牧草程度、积雪持续日数、积雪面积比、草食家畜死亡数量等的测算，判定区域雪灾等级。 |
| 组员 1： | 任务：参与讨论、收集雪情资料，负责积雪掩埋牧草程度的计算。 |
| 组员 2： | 任务：参与讨论、收集雪情资料，负责积雪持续日数的计数。 |
| 组员 3： | 任务：参与讨论、收集雪情资料，负责积雪面积比的计算。 |
| 组员 4： | 任务：参与讨论、收集雪情资料，负责草食家畜死亡数量的折算。 |

## 任务筹划

完成区域雪情调查监测工作，需要筹划以下 6 个方面的事项。

（1）收集某区域（州、或县、或乡镇）某时段雪情相关资料，重点突出与产生雪灾相关的各种影响因素的数据资料。

（2）通过区域积雪深度与草群平均高度计算积雪掩埋牧草程度。

（3）通过降雪日期、当地气温等因素计数积雪持续日数。

（4）通过区域草地总面积与草地积雪面积计算积雪面积比。

（5）通过区域各类草食家畜死亡情况折算草食家畜死亡数。

（6）根据牧区雪灾等级划分标准判定雪灾等级。

## 任务实施

步骤一：收集某区域（州、县或乡镇）某时段雪情资料。

步骤二：计算区域积雪掩埋牧草程度、积雪面积比、折算草食家畜死亡数、判定区域雪灾等级。

草地雪情记录表

## 任务总结

______________________________________________________________________

______________________________________________________________________。

## 任务检测

请扫码答题。

任务检测（上） 任务检测（下）

# 任务二 监测草地旱情

## 任务导入

干旱是世界上对人类生产活动最具破坏性的自然灾害之一，常常给农业、生态系统和人类社会造成严重损失。由于人类活动引起的全球变暖，全球地表蒸发量普遍增加，区域降水减少，据世界气象组织统计，自 2000 年以来全球干旱出现次数和持续时间增加了 29%。

2006 年，青海省高温干旱天气造成 36 个县 168 万农牧民受灾，受灾草场面积达 2 113 万 $hm^2$，因灾死亡牲畜 262 327 头（只），造成直接经济损失 10.7 亿元。2016 年，我国内蒙古东部、东北西部、西北地区东南部、青海南部和西北部、华北东部、黄淮大部、川西高原北部、四川盆地东北部、广西西部和云南东南部以及江南东北部均出现了不同程度的旱情。其中内蒙古东部遭遇了 1953 年以来的最严重旱灾，旱情使当地近 400 万人受灾，经济损失达到 115.9 亿元。

请收集自己家乡所在的区域（州、县或乡镇）历年发生旱情的各类牧业旱情资料，填写牧业旱情统计表，评估区域草地干旱等级。

## 任务工单

班级＿＿＿＿＿＿＿＿ 姓名＿＿＿＿＿＿＿＿ 学号＿＿＿＿＿＿＿＿

| 任务名称 | 监测草地旱情 |
| --- | --- |
| 任务描述 | 根据实际情况，填写本任务的内容、目的、流程和方法。<br>任务内容：＿＿＿＿＿＿＿＿＿＿＿＿＿＿＿＿＿＿＿＿＿＿＿＿＿＿＿＿＿＿。<br>任务目的：＿＿＿＿＿＿＿＿＿＿＿＿＿＿＿＿＿＿＿＿＿＿＿＿＿＿＿＿＿＿。<br>任务流程：＿＿＿＿＿＿＿＿＿＿＿＿＿＿＿＿＿＿＿＿＿＿＿＿＿＿＿＿＿＿。<br>任务方法：＿＿＿＿＿＿＿＿＿＿＿＿＿＿＿＿＿＿＿＿＿＿＿＿＿＿＿＿＿＿。 |

（续表）

<table>
<tr><td>获取信息</td><td colspan="6">要完成任务，需要掌握相关的知识。请收集资料，回答以下问题。<br>1. 什么是草地旱灾？草地旱灾会造成哪些方面的危害？<br>2. 不同干旱等级的草地表现出怎样的旱象特征？<br>3. 目前用于干旱监测的旱情指标有哪些？<br>4. 什么是降水量距平百分率？<br>5. 什么是连续无有效降水天数？国家标准中，不同季节有效降水临界值是如何规定的？</td></tr>
<tr><td>制订计划</td><td colspan="6">制订完成本任务的工作计划。</td></tr>
<tr><td rowspan="6">任务实施</td><td colspan="6">按照预先制订的工作计划，完成本任务，并记录任务实施过程。</td></tr>
<tr><td>序号</td><td>完成的任务</td><td colspan="2">遇到的问题</td><td colspan="2">解决办法</td></tr>
<tr><td></td><td></td><td colspan="2"></td><td colspan="2"></td></tr>
<tr><td></td><td></td><td colspan="2"></td><td colspan="2"></td></tr>
<tr><td></td><td></td><td colspan="2"></td><td colspan="2"></td></tr>
<tr><td></td><td></td><td colspan="2"></td><td colspan="2"></td></tr>
<tr><td rowspan="7">任务评价</td><td colspan="6">评价表</td></tr>
<tr><td>项目</td><td>评价内容</td><td>分值</td><td>自评</td><td>互评</td><td>师评</td></tr>
<tr><td rowspan="5">知识技能</td><td>收集区域相关旱情资料</td><td>20</td><td></td><td></td><td></td></tr>
<tr><td>正确计算降水量距平百分率</td><td>10</td><td></td><td></td><td></td></tr>
<tr><td>正确计数连续无有效降水天数</td><td>10</td><td></td><td></td><td></td></tr>
<tr><td>正确计算区域牧业旱情指数</td><td>10</td><td></td><td></td><td></td></tr>
<tr><td>正确判定区域牧业旱情等级</td><td>10</td><td></td><td></td><td></td></tr>
</table>

（续表）

| 任务评价 | 评价表 | | | | | |
|---|---|---|---|---|---|---|
| | 项目 | 评价内容 | 分值 | 自评 | 互评 | 师评 |
| | 任务进度 | 提前完成10分；正常完成7～9分；超时完成3～6分；未完成0～2分 | 10 | | | |
| | 任务质量 | 整体效果很好为10分；较好为7～9分；一般为3～6分；较差为0～2分 | 10 | | | |
| | 素养表现 | 团队分工明确，资料收集翔实，计算严谨求实，结果真实可靠 | 15 | | | |
| | 思政表现 | 树立人类命运共同体意识 | 5 | | | |

## 任务准备

### • 知识准备

#### 一、干旱

干旱在科学上可以解释为干旱气候和干旱灾害两种内涵。

**1. 干旱气候**

干旱气候指从水热平衡角度出发缺乏足够降水的长期稳定气候。

**2. 干旱灾害（旱灾）**

干旱灾害（旱灾）是由于大气环流异常而引起一些时段缺水而导致植物枯死、水资源严重不足等灾害现象。

干旱灾害是一种自然灾害，可以发生在干旱地区、半干旱地区，也可以发生在湿润地区、半湿润地区等，是气候变化异常引起的一种结果。会造成土壤水分缺失，植被覆盖度减小，荒漠化加剧，引起沙尘暴、高温热浪和干热风等一系列的气象灾害。相对于森林等其他生态系统，草地生态系统较为脆弱，而干旱灾害对依靠雨水涵养的天然草地的影响尤为明显，同时对草地畜牧业的影响更大。

干旱作为一种复杂的灾害现象难以准确观测其发生时间、发展过程和影响范围，因而通常用旱情指标对干旱事件进行描述。目前用于干旱监测的旱情指标已发展至近百种。

**3. 草地旱灾**

草地旱灾是由于持续无降水或降水少的情况下，草地根层中的土壤有效水分得不到补充，造成天然牧草缺少水分来源而不能正常生长发育、产草量降低，影响草食家畜放牧采食的气象灾害。

## 二、草地旱情调查监测

知识链接8-2-1

全球干旱指数研究进展

### （一）草地干旱等级

根据不同的受旱程度，草地干旱等级可划分为四级：轻度干旱（轻旱）、中度干旱（中旱）、严重干旱（重旱）、特大干旱（特旱）。

不同干旱等级的草地旱象特征见表 8-2-1。

表 8-2-1 不同干旱等级的草地旱象特征

| 干旱等级 | 旱象特征 | | |
|---|---|---|---|
| | 返青期 | 分蘖期—成熟期 | 全生育期 |
| 无旱 | 牧草正常返青，植株生长健壮 | 牧草能正常生长发育，长势良好 | 牧草返青和生长发育正常，牧草地上生物量正常或偏高 |
| 轻度干旱 | 牧草返青率 80%～90%，但返青速度缓慢，植株不整齐 | 仅牧草基部叶片卷曲，生长发育略有迟缓，长势基本正常 | 牧草地上生物量为牧草正常返青和生长发育年份的 80%～90% |
| 中度干旱 | 因水分亏缺，牧草返青率在 50%～80% | 30%～50% 牧草叶片中午时萎蔫卷曲，生长中后期中下部叶片早衰变黄，灌浆受阻，秕粒较多 | 牧草地上生物量仅是牧草正常返青和生长发育年份的 60%～80% |
| 严重干旱 | 因水分亏缺，牧草返青率在 20%～50% | 50%～80% 牧草叶片萎蔫卷曲，叶色发灰，叶片干枯易脱落，生长发育严重受阻，籽粒不能正常灌浆，大部分为秕粒 | 牧草地上生物量仅是牧草正常返青和生长发育年份的 40%～60% |
| 特大干旱 | 因水分亏缺，牧草返青率低于 20% | 80% 以上牧草叶片干枯、茎秆矮小，甚至生长发育停止，籽粒正常灌浆率低于 10% | 牧草地上生物量不足正常年份的 40% |

### （二）牧业旱情评估

知识链接8-2-2

GB/T 29366—2012 北方牧区草原干旱等级

牧业旱情的评估分两步进行，第一步是进行单站牧业旱情评估，第二步是进行区域牧业旱情评估。

#### 1. 单站牧业旱情指标与等级

单站牧业旱情是指单个监测站点所能代表的较小范围内牧草受旱情况。在进行单站牧业旱情评估时，可根据情况选用降水量距平百分率、连续无有效降水天数指标。

（1）降水量距平百分率。降水量距平百分率是指某时段的降水量与同期平均降水量之差除以同期平均降水量的百分比，用 $D_p$ 表示。降水量距平百分率以历史平均水平为基础确定旱涝程度，反映了某时段降水量相对于同期平均状态的偏离程度。降水量距平百分率计算方式如下。

$$P_a = \frac{P - \bar{P}}{\bar{P}} \times 100\%$$

式中：

$P_a$：某时段降水距平百分率，时间尺度以月为单位，取整数记载；

$P$：某时段降水量，单位为毫米（mm）；

$\bar{P}$：某时段历年平均降水量，单位为毫米（mm），时段采用最近的 30 年。

基于降水量距平百分率的单站牧业旱情等级划分见表 8-2-2。

**表 8-2-2 基于降水量距平百分率的单站牧业旱情等级**

| 旱情等级 | 降水量距平百分率 $D_p$（%） | | |
|---|---|---|---|
| | 月尺度 | 季尺度 | 年尺度 |
| 轻度干旱 | $-70 \leq D_p < -50$ | $-60 \leq D_p < -30$ | $-40 \leq D_p < -20$ |
| 中度干旱 | $-85 \leq D_p < -70$ | $-80 \leq D_p < -60$ | $-50 \leq D_p < -40$ |
| 严重干旱 | $-95 \leq D_p < -85$ | $-90 \leq D_p < -80$ | $-60 \leq D_p < -50$ |
| 特大干旱 | $D_p < -95$ | $D_p < -90$ | $D_p < -60$ |

（2）连续无有效降水天数。连续无有效降水天数是指牧草生长季内降水量小于有效降水临界值的持续天数，用 $D_{np}$ 表示。

春季（3—5 月）、秋季（9—11 月）、冬季（12 月至翌年 2 月）的有效降水临界值为 3 mm/d，夏季（6—8 月）的有效降水临界值为 5 mm/d。

基于连续无有效降水天数的单站牧业旱情等级划分见表 8-2-3。

**表 8-2-3 基于连续无有效降水天数的单站牧业旱情等级**

| 季节 | 连续无有效降水天数 $D_{np}$（d） | | | |
|---|---|---|---|---|
| | 轻度干旱 | 中度干旱 | 严重干旱 | 特大干旱 |
| 春季、秋季 | $30 \leq D_{np} < 50$ | $50 \leq D_{np} < 70$ | $70 \leq D_{np} < 80$ | $80 \leq D_{np}$ |
| 夏季 | $20 \leq D_{np} < 30$ | $30 \leq D_{np} < 50$ | $50 \leq D_{np} < 70$ | $70 \leq D_{np}$ |
| 冬季 | $50 \leq D_{np} < 70$ | $70 \leq D_{np} < 90$ | $90 \leq D_{np} < 120$ | $120 \leq D_{np}$ |

**2. 区域牧业旱情指标与等级**

区域牧业旱情是指县（区）级及以上区域内牧草受旱总体情况。区域牧业旱情评估采用区域牧业旱情指数法。区域牧业旱情指数计算方式如下。

$$I_p = \sum_{i=1}^{4} P_i \times C_i$$

式中：

$I_p$：区域牧业旱情指数（指数区间为 0～4）；

$I$：牧业旱情等级（$i$=1，2，3，4，依次代表轻旱、中旱、重旱和特旱）；

$P_i$：某一旱情等级草场面积与区域草场总面积之比（%）；

$C_i$：不同旱情等级的权重系数（轻旱、中旱、重旱和特旱的权重系数 $C_i$ 分别赋值为 1，2，3，4）。

区域牧业旱情等级划分见表 8-2-4。

知识链接 8-2-3

GB/T 32135—2015
区域旱情等级

**表 8-2-4　区域牧业旱情等级**

| 区域范围 | 区域牧业旱情指数 $I_p$ | | | |
|---|---|---|---|---|
| | 轻度干旱 | 中度干旱 | 严重干旱 | 特大干旱 |
| 省（自治区、直辖市） | $0.1 \leq I_p < 0.5$ | $0.5 \leq I_p < 0.9$ | $0.9 \leq I_p < 1.5$ | $1.5 \leq I_p \leq 4$ |
| 地（市） | $0.1 \leq I_p < 0.6$ | $0.6 \leq I_p < 1.2$ | $1.2 \leq I_p < 2.1$ | $2.1 \leq I_p \leq 4$ |
| 县（区） | $0.1 \leq I_p < 0.7$ | $0.7 \leq I_p < 1.2$ | $1.2 \leq I_p < 2.2$ | $2.2 \leq I_p \leq 4$ |

- **材料准备**

区域（州、县或乡镇）旱情相关资料，牧业旱情统计表。

- **人员准备**

**任务分工**

| 任务角色 | 任务内容 |
|---|---|
| 组长： | 任务：组织小组成员讨论需要收集的旱情相关资料内容、分配工作任务，组织完成降水量距平百分率、连续无有效降水天数、区域牧业旱情指数的计算，正确判定区域牧业旱情等级。 |
| 组员 1： | 任务：参与讨论、收集旱情资料，负责降水量距平百分率的计算。 |
| 组员 2： | 任务：参与讨论、收集旱情资料，负责连续无有效降水天数的计数。 |
| 组员 3： | 任务：参与讨论、收集旱情资料，负责区域牧业旱情指数的计算。 |
| 组员 4： | 任务：参与讨论、收集旱情资料，负责区域牧业旱情等级的判定。 |

## 任务筹划

完成区域旱情调查监测工作，需要筹划以下 4 个方面的事项。

（1）收集某区域（州、县或乡镇）某时段旱情相关资料，重点突出该区域的降水量、无有效降水天数的数据资料。

（2）通过监测点某时段降水量和区域某时段历年平均降水量（最近的 30 年）计算某时段降水距平百分率，判定监测点牧业旱情等级。

（3）通过计数监测点连续无有效降水天数，判定监测点牧业旱情等级。

（4）通过计算区域牧业旱情指数，判定区域牧业旱情等级。

## 任务实施

步骤一：收集某区域（州、或县、或乡镇）某时段旱情相关资料。

步骤二：计算区域降水距平百分率、连续无有效降水天数、牧业旱情指数，判定区域牧业旱情等级。

区域牧业旱情统计表

## 任务总结

______________________________

______________________________

______________________________。

## 任务检测

请扫码答题。

任务检测（上） 任务检测（下）

# 任务三 监测草地火情

## 任务导入

草地火灾是世界上主要的自然灾害之一，严重威胁人民生命财产安全，破坏草地生态环境。我国是一个草地火灾比较严重的国家，根据原农业部草原防火指挥部办公室统计，在我国近 4 亿 $hm^2$ 草地中，火灾易发区占 1/3，频繁发生火灾区占 1/6。中华人民共和国成立以来，仅牧区就发生草地火灾 5 万多次，累计受灾草地面积 2 亿 $hm^2$，造成经济损失 600 多亿元，平均每年 10 多亿元。特别是近年来，随着我国草地保护建设工程的实施，草地植被得到有效恢复，火险等级逐步攀升，草地火灾威胁日益加重。其中内蒙古锡林郭勒、呼伦贝尔，新疆塔城、阿勒泰，黑龙江齐齐哈尔、大庆，吉林延边、白城，甘肃甘南，青海三江源区及环湖地区等地为草地火灾偏重发生或受境外火威胁严重的地区。2022 年全国发生草地火灾 21

起，受害草原面积约为 3 183 hm²；2023 年发生草原火灾 15 起，受害草原面积约为 143 217 hm²。

请在天然草地上正确划定草地火险固定监测样地，并在其中设置草地火险监测样方，规范填写草地火险监测样地基本特征调查表、中小草本及小半灌木样方调查表、灌木及高大草本样方调查表，完成草地火险固定监测样地及草地样方调查。

## 任务工单

班级＿＿＿＿＿＿＿＿　姓名＿＿＿＿＿＿＿＿　学号＿＿＿＿＿＿＿＿

<table>
<tr><td>任务名称</td><td colspan="4">监测草地火情</td></tr>
<tr><td>任务描述</td><td colspan="4">根据实际情况，填写本任务的内容、目的、流程和方法。<br>任务内容:＿＿＿＿＿＿＿＿＿＿＿＿＿＿＿＿＿＿＿＿。<br>任务目的:＿＿＿＿＿＿＿＿＿＿＿＿＿＿＿＿＿＿＿＿。<br>任务流程:＿＿＿＿＿＿＿＿＿＿＿＿＿＿＿＿＿＿＿＿。<br>任务方法:＿＿＿＿＿＿＿＿＿＿＿＿＿＿＿＿＿＿＿＿。</td></tr>
<tr><td>获取信息</td><td colspan="4">要完成任务，需要掌握相关的知识。请收集资料，回答以下问题。<br>1. 什么是草地火灾？什么是草地火险？<br><br>2. 草地火灾等级是如何划分的？<br><br>3. 全国草地火险区划分为哪些区？草地火险治理分区划分为哪些区？<br><br>4. 草地火险地面调查与草地生产力调查有何异同？<br><br>5. 草地火险监测地面调查一般在什么时期开展？</td></tr>
<tr><td>制订计划</td><td colspan="4">制订完成本任务的工作计划。</td></tr>
<tr><td rowspan="6">任务实施</td><td colspan="4">按照预先制订的工作计划，完成本任务，并记录任务实施过程。</td></tr>
<tr><td>序号</td><td>完成的任务</td><td>遇到的问题</td><td>解决办法</td></tr>
<tr><td></td><td></td><td></td><td></td></tr>
<tr><td></td><td></td><td></td><td></td></tr>
<tr><td></td><td></td><td></td><td></td></tr>
<tr><td></td><td></td><td></td><td></td></tr>
</table>

（续表）

| 任务评价 | 评价表 | | | | | |
|---|---|---|---|---|---|---|
| | 项目 | 评价内容 | 分值 | 自评 | 互评 | 师评 |
| | 知识技能 | 正确设置草地火险监测样地样方 | 10 | | | |
| | | 正确判定填写样地调查表 | 10 | | | |
| | | 正确测定相关项目并填写中小草本及小半灌木草地样方调查表 | 10 | | | |
| | | 正确测定相关项目并填写高大草本及灌木草地样方调查表 | 20 | | | |
| | | 判定所处区域的草地火险等级 | 10 | | | |
| | 任务进度 | 提前完成 10 分；正常完成 7～9 分；超时完成 3～6 分；未完成 0～2 分 | 10 | | | |
| | 任务质量 | 整体效果很好为 10 分；较好为 7～9 分；一般为 3～6 分；较差为 0～2 分 | 10 | | | |
| | 素养表现 | 团队分式明确、配合默契，观察细致，动作规范，操作严谨求实 | 15 | | | |
| | 思政表现 | 重视草地火灾危害，树立安全防范意识 | 5 | | | |

## 任务准备

### • 知识准备

知识链接 8-3-1

草地火灾

### 一、草地火灾

**1. 草地火灾**

指在失控条件下草地可燃物（牧草枯落物、牲畜粪便等）的燃烧，给草地资源、畜牧业生产及生态环境等带来不可预料损失的自然灾害。

**2. 草地火险**

指引起草地火灾的可燃物、气象条件和地形因素作用下的火成熟状态。

**3. 草地可燃物**

指草地上可以燃烧的物质，草地可燃物主要有地上植被及枯落物和牲畜粪便等，还包括居民点和城镇附近少量的人类活动丢弃物。

## 二、草地火灾等级划分

根据受害草地面积、伤亡人数、直接经济损失这三个综合评估指标，把草地火灾分四级。

**1. 特别重大草地火灾（Ⅰ级）**

指受害草地面积 8 000 $hm^2$ 以上的；或者造成死亡 10 人以上，或造成死亡和重伤合计 20 人以上的；或者直接经济损失 500 万元以上的火灾。

**2. 重大草地火灾（Ⅱ级）**

指受害草地面积 5 000 $hm^2$ 以上 8 000 $hm^2$ 以下的；或者造成死亡 3 人以上 10 人以下，或造成死亡和重伤合计 10 人以上 20 人以下的；或者直接经济损失 300 万元以上 500 万元以下的火灾。

**3. 较大草地火灾（Ⅲ级）**

指受害草地面积 1 000 $hm^2$ 以上 5 000 $hm^2$ 以下的；或者造成死亡 3 人以下，或造成重伤 3 人以上 10 人以下的；或者直接经济损失 50 万元以上 300 万元以下的火灾。

知识链接 8-3-2

DB63/T 1969—2021 草原火灾损失评估技术规范

**4. 一般草地火灾（Ⅳ级）**

指受害草地面积 10 $hm^2$ 以上 1 000 $hm^2$ 以下的；或者造成重伤 1 人以上 3 人以下的；或者直接经济损失 5 000 元以上 50 万元以下的火灾。

判定草地火灾等级时，受害草地面积、人员伤亡情况、直接经济损失这三项中的其中一项达到损失等级，即可定为该等级。

## 三、草地火险区划

根据草地植被状况、重要设施和生产要素变化情况、草地火灾发生的危险程度和影响范围等，农业农村部将全国草地划分为 4 个等级的草地火险区，分别为极高火险区、高火险区、中火险区、低火险区。

知识链接 8-3-3

农业部关于调整全国草原火险区划级别的通知

## 四、草地火险治理分区

国家林业和草原局、应急管理部综合考虑全国草地火险区划等级、草地资源分布状况和草地火灾发生、草地火灾风险普查阶段性成效等情况，以及空间分布相对集中连片的原则，将全国 758 个草原县级单位划分为草原火灾高危区、草原火灾高风险区和一般草原火险区 3 类。

**1. 草原火灾高危区**

此区域是历年草原火灾多发、受害面积较大地区。包括 100 个县级单位，涉及内蒙古、四川、西藏、甘肃、青海、新疆 6 省（自治区）。

#### 2. 草原火灾高风险区

除高危险区外，风险较大的地区包括 299 个县级单位，涉及 14 个省（自治区）。

#### 3. 一般草原火险区

“全国草原火险区级别”中除去以上 2 类风险区的其他县级单位，包括 359 个县级单位。

知识链接 8-3-4

“十四五”全国草原防灭火规划

## 五、草地火险地面调查

地面调查是指采用空间定位、数据采集等手段获取草地地面信息的调查方法和技术。

### （一）调查方法

草地火险调查项目与草地生产力调查基本相同，但要突出草地枯落物量、家畜粪便量、总产草量等草地可燃物总体水平。通过固定调查及路线调查所得到的相关统计数据，可以确定不同草地类型、不同区域的草地火险等级，草地管护人员就可以有针对性的对重点区域开展地面巡查工作。

知识链接 8-3-5

DB51/T 2471—2018 草原火险监测地面调查技术规程

#### 1. 固定调查

固定调查就是根据主要草地类型的差异和地理特征，在监测区域内，按照草地类型和防火要求，设立一定数量的固定监测点，主要采集固定监测点区域草地植被信息，定点定期掌握主要草地类型植被与火险状况。

要求每个草地型至少设立一个固定监测点。固定监测点要具有代表性和典型性，即真实反映和代表一定区域内草地可燃物总体水平的地段；能真实反映该草地植被类型和生态状况的典型地段。重点选择在典型的草地类型和有重要价值、面积比例较大、分布广泛、地带性分布明显的生态区域和林草结合、灌草结合等典型地段布设，同时还要兼顾交通等其他因素。

#### 2. 路线调查

路线调查是根据草地自然条件，横穿草地主要地形要素及植被类型的主要断面，获取防火期草地地面可燃物的时空变化状态和规律的地面信息的调查方法和技术。

路线调查主要选择在林草、灌草结合区和高大草本、灌木等易发生草地火灾区域，能够充分体现自然条件和横穿主要地形要素及草地植被类型的主要断面，同时兼顾监测地区的交通状况及显著地形、地物和主要标志点，主要采集草地在不同地段的植被变化信息，掌握草地火险的时空变化状态与规律。

### （二）调查时期

草地火险监测地面调查时间一般为 3 个时期：春季枯黄期（1—4 月）、冬季枯黄期（9—12 月）、草地植被生长高峰期（6—8 月）。

### （三）调查内容

#### 1. 样地基本特征调查

观测记载样地的地理位置、调查时间、调查人、地形特征、土壤特征、地表特征、草地类型、植被外貌、利用方式、利用状况等。

#### 2. 样方测定

在样地的中间区域设置样方。按照样方内植物的高度和株丛幅度分为两类：一类是植物高度＜80 cm 草本或＜50 cm 灌木、半灌木为主的中小草本及小半灌木样方；另一类是植物高度≥80 cm 草本或≥50 cm 灌木为主的灌木及高大草本植物样方。

（1）测定方法。在草地上采用样方框测定植物构成、高度、盖度、产量等，采集景观和样方照片。

（2）样方数量。草本及矮小灌木草地的监测点设置的样方数量≥30 个。灌木及高大草本植物草地的监测点设置的样方数量≥10 个，每个样方内应设置草本及矮小灌木样方≥3 个。

（3）样方面积。中小草本及小半灌木样方，用 1 $m^2$ 的样方，如样方植物中含丛幅较大的小半灌木，用 4 $m^2$ 的样方。灌木及高大草本植物样方，用 100 $m^2$ 的样方，灌木及高大草本分布较为均匀或株丛相对较小的可用 50 $m^2$ 和 25 $m^2$ 的样方。

## 六、草地火险等级划分

根据不同地域和草地类型，可按照草地上可燃物干重和植被可燃物盖度划分草地火险等级，主要划分为高、中、低三个草地火险等级，分级标准见表 8-3-1。

表 8-3-1　草地火险等级划分

| 区划指标 | 草地火险等级 | | | | | |
|---|---|---|---|---|---|---|
| | 高 | | 中 | | 低 | |
| | 可燃物量（$g/m^2$） | 盖度（%） | 可燃物量（$g/m^2$） | 盖度（%） | 可燃物量（$g/m^2$） | 盖度（%） |
| 高寒草甸类 | ＞120 | ＞85 | 80～120 | 55～85 | 50～80 | ＜55 |
| 山地草甸类 | ＞150 | ＞80 | 100～150 | 50～80 | 80～100 | ＜50 |
| 热性灌草丛类 | ＞160 | ＞75 | 110～160 | 45～75 | 80～110 | ＜45 |
| 暖性灌草丛类 | ＞150 | ＞80 | 100～150 | 50～80 | 90～100 | ＜50 |
| 低地草甸类 | ＞150 | ＞80 | 100～150 | 50～80 | 90～100 | ＜50 |

## 七、草地火灾的防控

**1. 火险早预警**

建设火险因子监测系统，实现草地火险等级预报，确保火险早预警。

**2. 火情早发现**

结合新一代信息技术，建设天网、空网、地网、人网，多网合一的草地火灾立体监控网络，确保火情早发现、早上报。

**3. 火灾早处置**

建设草地防火监测云服务平台，实现草地火险监测、预警、扑救、指挥、调度、灾后评估等综合管控，确保火灾早处置。

草地火灾是一种与人类有密切关系的自然灾害，草地工作者一定要教育引导人民群众加强草地防火的意识。草地属于国家公共资源，火灾的损害或潜在的损害都会对草地造成损失，为了维护国家利益和社会公共秩序，实行"谁损害谁赔偿"的原则，来维持社会管理秩序。

## • 材料准备

草地火险监测样地基本特征调查表、中小草本及小半灌木样方调查表、灌木及高大草本样方调查表。

## • 工具准备

GNSS 定位仪、罗盘仪、照相机（手机）、计算器、测绳、标示隔离带、铁锹、铁锤、标牌、标桩、样方框、点测刺针、钢卷尺、皮卷尺、剪草剪刀、戥子称（或电子秤）、草样袋、A4 板夹、铅笔、记号笔、调查底图、越野车或摩托车等。

## • 人员准备

**任务分工**

| 任务角色 | 任务内容 |
|---|---|
| 组长： | 任务：组织小组成员在天然草地划定草地火险样地、设置调查样方进行观察，讨论确定样方测定方法，分配工作任务，完成草地火险样方测定任务，判定区域草地火险等级。 |
| 组员 1： | 任务：参与观察、讨论。拍摄样地景观照及样方俯视照；采集不能现场识别的植物标本，通过查询专业资料、咨询专业人员等方式获取植物名。 |
| 组员 2： | 任务：参与观察、讨论，采用已确定的测定方法，按步骤细致分工协作，完成草地样方各测定项目。 |
| 组员 3： | 任务：参与观察、讨论，采用已确定的测定方法，按步骤细致分工协作，完成草地样方各测定项目。 |
| 组员 4： | 任务：参与观察、讨论，采用已确定的测定方法，按步骤细致分工协作，完成草地样方各测定项目。 |

## 任务筹划

完成区域火情调查监测工作，需要筹划以下4个方面的事项。

（1）根据草地火险调查监测需要，划定草地火险调查样地、设置草地火险调查样方。

（2）正确判定并填写草地火险监测样地基本特征调查表。

（3）详细测定并填写中小草本及小半灌木样方调查表、灌木及高大草本样方调查表，重点突出草地枯落物量、家畜粪便量、总产草量等草地可燃物指标的测定。

（4）通过草地可燃物量及植被可燃物盖度判定区域草地火险等级。

## 任务实施

步骤一：划定草地火险调查样地、设置草地火险调查样方，填写草地火险监测样地基本特征调查表。

步骤二：测定并填写中小草本及小半灌木样方调查表。

步骤三：测定并填写灌木及高大草本样方调查表。

草地火险监测样地基本特征调查表　　中小草本及小半灌木样方调查表　　灌木及高大草本样方调查表

步骤四：依据草地可燃物量及植被可燃物盖度判定区域草地火险等级。

______________________________________________________________________

______________________________________________________________________。

## 任务总结

______________________________________________________________________

______________________________________________________________________。

## 任务检测

请扫码答题。

任务检测（上）　　任务检测（下）

# 任务四 监测草地鼠害

## 任务导入

草地鼠类是草地生态系统中的重要组成部分，是生态系统中物质循环和能量转化的重要环节。然而，当草地鼠类种群密度激增超过环境容纳量，并对草地生态、畜牧业生产以及人类健康等构成威胁时则演变为有害生物，且种群数量越大危害越重。在我国已知的 200 多种啮齿动物中，80% 以上的种类不同程度地对环境造成危害或有潜在的威胁。据统计，我国草地上普遍存在鼠害，草地鼠害的发生直接造成草地植被减少，使草地出现退化，对草地生态环境造成破坏，严重影响草地畜牧业的健康发展和人民生活的稳定，对农牧民的生存和发展构成威胁。

请在天然草地上正确设置草地鼠害监测样地样方，针对不同鼠种，选用夹日法等不同的方法，完成草地鼠害相关测定指标的调查监测，规范填写鼠害样地基本情况调查表、害鼠捕尽法调查表、鼠兔夹日法调查表、鼠兔洞口密度调查表、鼢鼠土丘密度调查表、鼢鼠土丘系数调查表、草地害鼠调查记载表等调查监测表格。

## 任务工单

班级________________ 姓名________________ 学号________________

| 任务名称 | 监测草地鼠害 |
|---|---|
| 任务描述 | 根据实际情况，填写本任务的内容、目的、流程和方法。<br>任务内容：______________________________<br>______________________________。<br>任务目的：______________________________<br>______________________________。<br>任务流程：______________________________<br>______________________________。<br>任务方法：______________________________<br>______________________________。 |
| 获取信息 | 要完成任务，需要掌握相关的知识。请收集资料，回答以下问题。<br>1. 什么是草地鼠害？青海省天然草地上主要的害鼠有哪些？<br><br>2. 草地鼠害发生与危害分级指标是如何划分的？<br><br>3. 高原鼢鼠、高原鼠兔在草地中的存在分别达到怎样的程度必须进行防治？<br><br>4. 草地鼠害调查监测的样地、样方是如何设置的？<br><br>5. 草地鼠害调查监测时样地测定项目有哪些？样方测定项目有哪些？ |

（续表）

<table>
<tr><td>制订计划</td><td colspan="6">制订完成本任务的工作计划。</td></tr>
<tr><td rowspan="6">任务实施</td><td colspan="6">按照预先制订的工作计划，完成本任务，并记录任务实施过程。</td></tr>
<tr><td>序号</td><td>完成的任务</td><td colspan="2">遇到的问题</td><td colspan="2">解决办法</td></tr>
<tr><td></td><td></td><td colspan="2"></td><td colspan="2"></td></tr>
<tr><td></td><td></td><td colspan="2"></td><td colspan="2"></td></tr>
<tr><td></td><td></td><td colspan="2"></td><td colspan="2"></td></tr>
<tr><td></td><td></td><td colspan="2"></td><td colspan="2"></td></tr>
<tr><td rowspan="12">任务评价</td><td colspan="6">评价表</td></tr>
<tr><td>项目</td><td>评价内容</td><td>分值</td><td>自评</td><td>互评</td><td>师评</td></tr>
<tr><td rowspan="6">知识技能</td><td>正确设置草地鼠害调查监测样地、样方</td><td>5</td><td></td><td></td><td></td></tr>
<tr><td>正确判定并填写鼠害样地基本情况调查表</td><td>5</td><td></td><td></td><td></td></tr>
<tr><td>正确测定害鼠危害程度</td><td>15</td><td></td><td></td><td></td></tr>
<tr><td>正确设置捕鼠夹（弓箭）捕鼠</td><td>15</td><td></td><td></td><td></td></tr>
<tr><td>正确调查有效洞口（土丘）数并计算害鼠种群数量</td><td>15</td><td></td><td></td><td></td></tr>
<tr><td>判定所在区域害鼠危害等级，填写区域草地害鼠调查记载表</td><td>5</td><td></td><td></td><td></td></tr>
<tr><td>任务进度</td><td>提前完成 10 分；正常完成 7～9 分；超时完成 3～6 分；未完成 0～2 分</td><td>10</td><td></td><td></td><td></td></tr>
<tr><td>任务质量</td><td>整体效果很好为 10 分；较好为 7～9 分；一般为 3～6 分；较差为 0～2 分</td><td>10</td><td></td><td></td><td></td></tr>
<tr><td>素养表现</td><td>团队分工明确、配合默契，观察细致，动作规范，操作严谨求实</td><td>15</td><td></td><td></td><td></td></tr>
<tr><td>思政表现</td><td>有传染病防控意识与能力，能向牧民宣传传染病防控知识</td><td>5</td><td></td><td></td><td></td></tr>
</table>

## 任务准备

### • 知识准备

### 一、草地鼠害

**1. 草地鼠害**

指啮齿类动物在一定区域草地过度繁殖，对草地、人、畜造成损失及危害。

**2. 草地害鼠**

指直接危害草地生态，造成草地植物生物量下降、地表大面积裸露、植被盖度降低，引起草地退化的鼠类优势种群。青海省草地害鼠约 30 种，为害草地的主要鼠种为高原鼠兔、高原鼢鼠。

知识链接 8-4-1

草地害鼠分布及危害

**3. 鼠害监测**

指为全面获取鼠害基础信息，在鼠害发生发展变化的客观过程中，运用适当的方法，对鼠害发生期、发生量、迁移量、灾害程度等进行持续、科学地调查。

### 二、草地鼠害调查监测内容

一般调查监测的主要内容是害鼠种类、种群数量及密度、发生时间及分布面积、危害程度、土丘（或洞口）覆盖度、牧草损失量和实际经济损失等。对草地鼠害详查时则还要考虑草地害鼠的个体特征、年龄结构、雌雄性比、怀孕率、胎仔数、出生率、死亡率、天敌等。

### 三、草地鼠害调查监测时间

对鼠害的调查监测一般为每年 2 次。如高原鼠兔等地面鼠第一次在 3—4 月，第二次在 8—9 月；高原鼢鼠等地下鼠第一次在 4 月中旬至 5 月中旬，第二次在 9 月下旬至 10 月，如有特殊的监测需要，可酌情增加监测次数，增至每月 1 次。

### 四、草地鼠害调查监测方法

#### （一）路线调查

一般均采用座谈访问和实地调查相结合的方法。在野外实地调查前，先查阅与当地草地害鼠生存有关区域的地理位置、海拔高度、气候条件、草地类型、地质与土壤、水文及植被等有关文献资料，然后邀请熟悉当地鼠害情况的干部和牧民群众进行座谈访问，初步掌握害鼠分布情况。在此基础上，采用路线调查的方法，根据当地鼠害、地形、植被等特点确定调查路线。

**1. 分布调查**

首先以县为单位查清鼠害发生区域所属乡、村具体位置，然后组织座谈访问，初步掌握鼠害分布情况，在调查了解过程中在地图上勾绘其分布区域和范围图，其次深入乡、村进行实地调查，在搞清鼠害水平分布和垂直分布情况的基础上对所勾的图斑进行校核修正。个别地区因交通等原因不能深入现场进行调查的，可通过电话、线上等方式访问并勾图，但所勾面积不能超过鼠害实际发生面积的 30%。

**2. 面积调查**

在以乡为单位，进行鼠害分布区调查勾图。在此基础上根据图上勾绘的界线量算其面积，然后将各乡的面积相加，得出全县鼠害面积，并标出需防治面积，凡面积在 100 $hm^2$ 以上的，都必须在图上反映出来。

### （二）定点调查

**1. 设立监测样地样方**

知识链接8-4-2

DB51/T 1285—2011 高原鼢鼠预测预报技术规程

（1）设立样地。在当地主要草地害鼠发生危害区域内，根据不同草地类型或生境，选择交通便利、观察鼠种齐全、具有鼠种代表性的地段确定害鼠的监测样地。样地设置后应保持相对稳定，不同生境各确定样地 1 个，每个样地的面积在 50 $hm^2$ 以上。

样地设立后要进行统一编号，并根据鼠害样地基本情况调查表所列调查项目，登记样地空间位置、草地类型、地形地貌、主要植物、害鼠种类、天敌种类、灾害性气候因子等基本情况。

（2）设立监测样方。在样地内依据不同地貌单元和草地类型，在当地主要害鼠栖息的典型栖息环境，距永久性居民点不少于 1 km、能够满足长期取样的需要的地方设定害鼠调查样方。每个样地设样方 3 个以上，并编号记录。样方面积一般为 0.25 $hm^2$，也可根据具体情况扩大为 0.5 $hm^2$ 或者 1 $hm^2$，样方形状可设置为方形、圆形、条带形。样方设置后应保持相对固定，只有当样方内的害鼠密度不能反应出动态趋势时方可调整。

**2. 样地调查监测**

样地调查监测主要为害鼠危害程度监测，采用采食量测算法、样方对照法或样线测算法进行估测。

（1）采食量测算法。在危害程度为轻度的情况下，可将采集总量视为危害损失。计算公式如下。

$$q=\frac{c\times m\times d\times t}{1\,000}$$

式中：

$q$：牧草鲜草损失量（kg）；

$c$：鲜草日食量（高原鼠兔为 77.3 g/d，高原鼢鼠为 390 g/d）；

$m$：危害面积（$hm^2$）；

$d$：害鼠密度（只/$hm^2$）；

$t$：危害时间（按 365 天计算）。

（2）样方对照法。在危害程度为中度及以上的情况下，通过同类草地发生区与非发生区牧草产量的对照求得危害损失。发生区、非发生区测产样方数各 30 个以上。

$$q = m \times (\frac{\sum x_1}{n_1} - \frac{\sum x_2}{n_2})$$

式中：

$q$：牧草损失量（kg）；

$m$：危害面积（$hm^2$）；

$x_1$：非发生区单位面积产草量（$kg/hm^2$）；

$x_2$：发生区单位面积产草量（$kg/hm^2$）；

$n_1$：非发生区样方数量（个）；

$n_2$：发生区样方数量（个）。

（3）样线测算法。用长 15～30 m 的测绳，拉直放在地面作为样线，登记样线所接触到的土丘、洞口、裸地、塌洞和镶嵌体等，计算地面破坏率和危害损失。

$$p = \frac{\sum_{i=1}^{n} I}{\sum_{i=1}^{n} L} \times 100\%$$

式中：

$p$：地面破坏率（%）；

$I$：样线经过土丘、洞口、裸地、塌洞和镶嵌体等线段长度之和（m）；

$L$：样线长度（m）；

$n$：样线数，$n \geqslant 3$。

$$q = x \times p \times m$$

式中：

$q$：危害牧草损失量（kg）；

$p$：地面破坏率（%）

$m$：危害面积（$hm^2$）；

$x$：非发生区单位面积产草量（$kg/hm^2$）。

**3. 样方监测**

样方调查监测主要用于监测害鼠种群数量，不同鼠种采用不同监测方法。

知识链接 8-4-3

DB63/T 1419—2015 高原鼠兔监测技术规范

（1）高原鼠兔。

①夹日法。夹日是指一个鼠夹一昼夜时间内捕鼠的数量。通常以 100 夹日作统计单位，即 100 个鼠夹一昼夜所捕获的鼠数作为鼠类种群密度的相对指标，通常用夹日捕获率表示。在调查样方内每次放置 100 个鼠夹，以 50 个鼠夹为一行，夹距 5 m，行距不小于 50 m，共排 2 行，每日至少检查 2 次，连捕 2 昼夜，再换样方。一般为晚上把鼠夹布好，早晚各检查一次。调查监测数据登记于鼠兔夹日法

调查表。夹日捕获率计算方法如下。

$$p = \frac{n}{N \times h} \times 100\%$$

式中：

$p$：夹日捕获率（%）；

$n$：捕获鼠数（只）；

$N$：鼠夹数（个）；

$h$：捕鼠昼夜数（d）。

在大范围、大面积的地面害鼠调查中，在每一调查区中应累计 300～500 个夹日以上才具有代表意义。采用夹日法调查时，鼠夹和诱饵必须统一，中途不得更换，样方之间应相隔 50 m 以上。风雨天气夹日捕获率无代表性，应重新布夹统计。鼠夹已击发而夹上无鼠，只要证实该夹为鼠类击发，应记作捕鼠 1 只。

②封洞开洞法（有效洞口统计法）。封洞开洞法是指人为堵住害鼠所有洞口后，统计被害鼠重新打开的洞口数。在样方内将所有的鼠洞统计后用土堵住，封堵害鼠洞口时，可用鼠洞旁被害鼠推出的沙土轻轻封堵严密即可，不得使用石块、牛粪、土块、废弃饮料瓶等大块物体。经过 24 h 后，统计被鼠打开的洞口数，即为有效洞口数。调查监测数据登记于鼠兔洞口密度调查表。计算方法如下。

$$K = \frac{g}{s} \times 100\%$$

$$p = \frac{g}{m} \times 100\%$$

式中：

$K$：有效洞口密度（个/$hm^2$）；

$g$：有效洞口数（个）；

$s$：调查面积（$hm^2$）；

$p$：有效洞口率（%）；

$m$：堵洞数（个）。

③洞口系数法。在有效洞口处，将装好的处于待发状态鼠兔夹轻轻放在鼠活动洞口内，若鼠洞口洞径较大，可用牛粪或石块将多余空隙堵塞，保证鼠夹能自由激发，直到捕尽为止，用样方捕尽法计算洞口系数。调查监测数据登记于害鼠捕尽法调查表。

$$Q = \frac{b}{g}$$

式中：

$Q$：有效洞口系数；

$g$：有效洞口数（个）；

$b$：捕获鼠数（只）。

$$E = Q \times K$$

式中：

$E$：鼠密度（只/hm²）；

$Q$：有效洞口系数；

$K$：有效洞口密度（个/hm²）。

（2）高原鼢鼠。

①新土丘计数法。每个样地选择 3～5 个样方，统计各样方内的新土丘数。根据土丘挖开洞道，间隔 2 昼夜进行检查，凡封洞者即为有效洞，根据有效土丘的数量和样方面积可计算出有效土丘密度。调查监测数据登记于鼢鼠土丘密度调查表。

知识链接 8-4-4

DB63/T 1418—2015 高原鼢鼠监测技术规范

$$\bar{d} = \frac{\sum_{i=1}^{n} m}{\sum_{i=1}^{n} a}$$

式中：

$\bar{d}$：平均有效土丘密度（个/hm²）；

$m$：有效土丘数量（个）；

$a$：样方面积（hm²）；

$n$：样方数，$n \geqslant 3$（个）。

②样方捕尽法。在样方内所有土丘内设置弓箭，连续捕打 3 d。捕鼠期间每天至少检查 3 次。检查时将捕获的鼠及时收集起来，集中登记测量，并重新放置捕鼠器。每次捕鼠的数量≥15 只，若数量不够，应扩大 1～2 个样方捕鼠。调查监测数据登记于害鼠捕尽法调查表。

③土丘系数法。在有效土丘内布箭，弓箭（地箭）与洞口的距离为切开的洞口直径的 2 倍。一昼夜检查 1 次，及时重设弓箭（地箭），连续捕杀 2 昼夜。然后统计捕获的高原鼢鼠种类和数量，计算土丘系数和鼢鼠密度。调查监测数据登记于鼢鼠土丘系数调查表。

知识链接 8-4-5

DB63/T 164—2021 草地地面鼠害防治技术规范

$$f = \frac{\sum_{i=1}^{n} c}{\sum_{i=1}^{n} m}$$

式中：

$f$：土丘系数（或有效土丘系数）；

$c$：样方内捕获的鼢鼠数量（只）；

$m$：土丘数量（或有效土丘数量）（个）。

## 五、鼠害发生与危害分级指标

根据草地害鼠单位面积个体数量或有效洞口数，可划分出草地鼠害发生与危害等级（表 8-4-1）。

表 8-4-1　青海天然草地鼠害发生与危害分级指标

| 危害等级 | 级别 | 高原鼠兔有效洞口数（个/hm²） | 高原鼢鼠个体数量（只/hm²） |
|---|---|---|---|
| 生态平衡 | 1 | ≤8 | ≤0.4 |
| 轻度危害 | 2 | 9～30 | 0.5～2 |
| 中度危害 | 3 | 31～100 | 3～5 |
| 重度危害 | 4 | 101～170 | 6～9 |
| 极度危害 | 5 | 171～240 | ≥10 |
| 猖獗危害 | 6 | ≥241 | |

## 六、草地主要害鼠防治指标

针对不同植被盖度草地生产力状况，结合草地害鼠防治成本、经济阈值、草地承载力、生态损失评估等最新研究成果，国家林业和草原局制定以下草地主要害鼠防治指标（表 8-4-2）。

表 8-4-2　草地主要害鼠防治指标

| 类型 | 种类 | 有效洞口数或新鼠丘数（个/hm²） | 秃斑占比（%） |
|---|---|---|---|
| 地上害鼠 | 田鼠类 | 1 200 | 35 |
| | 沙鼠类 | 400 | 30 |
| | 跳鼠类 | 200 | 15 |
| | 兔尾鼠类 | 160 | 25 |
| | 鼠兔类 | 180 | 20 |
| | 黄鼠类 | 50 | 20 |
| 地下害鼠 | 鼢鼠类 | 150 | 25 |

备注：同一类有两个指标，符合其中一个指标视为达到“防治指标”。

知识链接8-4-6

鼠害监测新技术

## 七、草地鼠灾分级

根据草地鼠灾的种类、性质、发生特点、涉及范围和危害程度，草地鼠灾分为特别重大草地鼠灾（Ⅰ级）、重大草地鼠灾（Ⅱ级）、较大草地鼠灾（Ⅲ级）和一般草地鼠灾（Ⅳ级）四级（表 8-4-3）。

表 8-4-3 草地鼠灾分级

| 鼠灾等级 | 级别 | 预警信号 | 草地鼠灾灾情 |
|---|---|---|---|
| 特别重大草地鼠灾 | Ⅰ | 红色 | 3 个以上省级行政区同一种类鼠害相对连片受灾草地面积 1 333 万 $hm^2$ 以上且达到防治标准，或者 1 个省内 50% 以上或 667 万 $hm^2$ 以上草地面积因受灾且达到防治标准两倍以上；发生特别重大鼠疫疫情（Ⅰ级）时 |
| 重大草地鼠灾 | Ⅱ | 橙色 | 2 个省级行政区同一种类鼠害相对连片受灾草地面积 667 万 $hm^2$ 以上且达到防治标准，或者 1 个省内 30% 以上或 333 万 $hm^2$ 以上草地面积受灾且达到防治标准两倍以上；发生重大鼠疫疫情（Ⅱ级）时 |
| 较大草地鼠灾 | Ⅲ | 黄色 | 1 个省级行政区同一种类鼠害相对连片受灾草地面积 333 万 $hm^2$ 以上且达到防治标准，20% 以上或 200 万 $hm^2$ 以上草地面积受灾且达到防治标准两倍以上；发生重大鼠疫疫情（Ⅲ级）时 |
| 一般草地鼠灾 | Ⅳ | 蓝色 | 其他未达到较大草地鼠灾（Ⅲ级）情形的，为一般草地鼠灾（Ⅳ级） |

- **材料准备**

害鼠捕尽法调查表、鼠兔夹日法调查表、鼠兔洞口密度调查表、鼢鼠土丘密度调查表、鼢鼠土丘系数调查表。

- **工具准备**

GNSS 定位仪、罗盘仪、照相机（手机）、计算器、测绳、标示隔离带、铁锹、铁锤、标牌、标桩、电子秤、鼠夹、捕鼠笼、弓箭（地夹）、鼠袋、计数器、放大镜、望远镜、夜视镜、钢卷尺、铁锹，调查底图、基本工具（锤、钳、螺丝刀等）、记录本、防护（防蚤）服、口罩、橡皮手套、高筒布袜、手套、肥皂、毛巾、交通工具。

- **人员准备**

任务分工

| 任务角色 | 任务内容 |
|---|---|
| 组长： | 任务：组织小组成员在天然草地划定鼠害调查样地、设置鼠害调查样地并进行观测，讨论确定调查测定方式方法，分配工作任务，完成草地鼠害相关测定任务，判定区域草地害鼠危害等级。 |
| 组员 1： | 任务：参与观察、讨论，采用样线测算法估测害鼠危害程度，测定样地草盖度、产草量等，填写样地基本情况调查表。 |

（续表）

| 任务角色 | 任务内容 |
| --- | --- |
| 组员 2： | 任务：参与观察、讨论，布置捕鼠夹（或弓箭），计数样地害鼠捕获情况、计数有效洞口数（或土丘数），填写鼠兔洞口密度调查表、鼠兔夹日法调查表。 |
| 组员 3： | 任务：参与观察、讨论，布置捕鼠夹（或弓箭）等，计数有效洞口数（或土丘数），填写鼢鼠土丘密度调查表、鼢鼠土丘系数调查表。 |
| 组员 4： | 任务：参与观察、讨论，布置捕鼠夹（或弓箭），统计填写害鼠捕尽法调查表，判定害鼠危害级别。 |

## 任务筹划

完成区域草地鼠害调查监测工作，需要筹划以下 6 个方面的事项。

（1）根据草地鼠害调查监测需要，设置草地鼠害调查样地与草地鼠害调查样方，填写鼠害样地基本情况调查表。

（2）采用样线测算法、采食量测算法等方法综合估测害鼠对草地的危害程度。

（3）在样方内布设捕鼠夹（或弓箭）捕鼠，采用“捕尽法”测定区域草地害鼠种类、密度（或数量）等，填写害鼠捕尽法调查表。

（4）针对鼠兔采用夹日法、堵洞开洞法、洞口系数法等方法，进行鼠兔种群数量的监测，填写害鼠捕尽法调查表、鼠兔夹日法调查表、鼠兔洞口密度调查表。

（5）针对鼢鼠采用开洞封洞法、土丘群系数法、新土丘计数法等方法，进行鼢鼠种群数量的监测，填写害鼠捕尽法调查表、鼢鼠土丘密度调查表、鼢鼠土丘系数调查表。

（6）根据各项测定数据，综合评判草地鼠害发生与危害等级。

## 任务实施

步骤一：设置草地鼠害调查样地、草地鼠害调查样方，观察并判定，填写样地基本情况调查表。

步骤二：在样方中布设捕鼠夹（或弓箭）捕鼠，采用“捕尽法”测定区域草地害鼠种类、密度（或数量）等，填写害鼠捕尽法调查表。

步骤三：针对不同鼠种，采用合适的方法，进行害鼠种群数量监测，填写相应调查监测表。

步骤四：综合评判所测草地害鼠危害等级。

鼠害样地基本情况调查表

害鼠捕尽法调查表

鼠兔夹日法调查表

鼠兔洞口密度调查表

鼢鼠土丘密度调查表　　鼢鼠土丘系数调查表　　草地害鼠调查记载表

## 任务总结

______________________________________________

______________________________________________

______________________________________________

______________________________________________。

## 任务检测

请扫码答题。

任务检测（上）　　任务检测（下）

# 任务五　监测草地虫害

## 任务导入

草地主要害虫种类有蝗虫类、毛虫类、草地螟、叶甲类、夜蛾类、毒蛾类、蚜虫类、盲蝽类等。草地虫害导致我国草地生态环境遭受严重破坏，同时使草牧业生产遭受严重损失。据统计，近 10 年来我国草地虫害年均发生面积 1 727 万 $hm^2$，直接经济损失 23 亿元，严重影响畜牧业生产和农牧民生活。草地害虫种类多、分布广、危害大，是造成草地退化的重要原因，如亚洲飞蝗种群暴发迁飞时，遮天蔽日，所过之处植被荡然无存。草地虫害长期存在，使草地植被退化速度日趋加快，而退化草地更有利于害虫的生存和繁衍。控制、消除草地虫害，对保护草地生态环境、发展牧区经济、巩固边疆民族团结、实现草地资源的永续利用，具有非常重要的意义。

青海省草地虫害是主要的生物灾害之一，主要害虫为草原毛虫和草原蝗虫，广泛分布于青南、环湖和祁连山等地区，年均发生面积在 166.7 万 $hm^2$（2 500 万亩）

左右，因其种类多、突发性强、危害大，极易造成草地植被的破坏，被称为不冒烟的草地"火灾"。

请在天然草地上正确设立草地虫害调查监测样地，采用路线监测、定点监测的方法，调查监测样地上的草地害虫种类、虫口密度、发生时间及分布面积、危害程度、牧草损失量等，规范填写虫害监测样地基本情况调查表、毛虫幼虫密度样方监测表、蝗蝻定点监测表、蝗虫成虫定点监测表、草地害虫调查记载表等调查监测表格。

## 任务工单

班级＿＿＿＿＿＿＿＿　姓名＿＿＿＿＿＿＿＿　学号＿＿＿＿＿＿＿＿

<table>
<tr><td>任务名称</td><td colspan="4">监测草地虫害</td></tr>
<tr><td>任务描述</td><td colspan="4">根据实际情况，填写本任务的内容、目的、流程和方法。<br>任务内容：＿＿＿＿＿＿＿＿＿＿＿＿＿＿＿＿＿＿＿＿<br>＿＿＿＿＿＿＿＿＿＿＿＿＿＿＿＿＿＿＿＿＿＿＿＿。<br>任务目的：＿＿＿＿＿＿＿＿＿＿＿＿＿＿＿＿＿＿＿＿<br>＿＿＿＿＿＿＿＿＿＿＿＿＿＿＿＿＿＿＿＿＿＿＿＿。<br>任务流程：＿＿＿＿＿＿＿＿＿＿＿＿＿＿＿＿＿＿＿＿<br>＿＿＿＿＿＿＿＿＿＿＿＿＿＿＿＿＿＿＿＿＿＿＿＿。<br>任务方法：＿＿＿＿＿＿＿＿＿＿＿＿＿＿＿＿＿＿＿＿<br>＿＿＿＿＿＿＿＿＿＿＿＿＿＿＿＿＿＿＿＿＿＿＿＿。</td></tr>
<tr><td>获取信息</td><td colspan="4">要完成任务，需要掌握相关的知识。请收集资料，回答以下问题。<br>1. 什么是草地虫害？我省天然草地上主要的害虫有哪些？<br><br>2. 草地虫害发生与危害分级指标是如何划分的？<br><br>3. 草原毛虫、草原蝗虫在草地中的存在分别达到怎样的程度必须进行防治？<br><br>4. 害虫对草地的危害损失是如何测评的？<br><br>5. 草地虫害调查监测时主要的测定项目有哪些？</td></tr>
<tr><td>制订计划</td><td colspan="4">制订完成本任务的工作计划。</td></tr>
<tr><td rowspan="6">任务实施</td><td colspan="4">按照预先制订的工作计划，完成本任务，并记录任务实施过程。</td></tr>
<tr><td>序号</td><td>完成的任务</td><td>遇到的问题</td><td>解决办法</td></tr>
<tr><td></td><td></td><td></td><td></td></tr>
<tr><td></td><td></td><td></td><td></td></tr>
<tr><td></td><td></td><td></td><td></td></tr>
<tr><td></td><td></td><td></td><td></td></tr>
</table>

（续表）

| 任务评价 | 评价表 | | | | | |
|---|---|---|---|---|---|---|
| | 项目 | 评价内容 | 分值 | 自评 | 互评 | 师评 |
| | 知识技能 | 正确设置草地虫害调查监测样地并填写虫害监测样地基本情况调查表 | 10 | | | |
| | | 正确进行路线调查，确定虫害分布区域及危害面积 | 10 | | | |
| | | 正确测算草地害虫危害损失 | 10 | | | |
| | | 正确设置监测样点，规范捕取害虫观测计数 | 10 | | | |
| | | 正确统计计算，填写毛虫幼虫密度样方监测表、蝗蝻定点监测表、蝗虫成虫定点监测表等调查监测表 | 15 | | | |
| | | 判定所在区域虫害危害等级，填写草地害虫调查记载表 | 5 | | | |
| | 任务进度 | 提前完成10分；正常完成7～9分；超时完成3～6分；未完成0～2分 | 10 | | | |
| | 任务质量 | 整体效果很好为10分；较好为7～9分；一般为3～6分；较差为0～2分 | 10 | | | |
| | 素养表现 | 团队分工明确、配合默契，观察细致，动作规范，操作严谨求实 | 15 | | | |
| | 思政表现 | 具有绿色防控思维，能够向农牧民宣传环境保护知识 | 5 | | | |

## 任务准备

### • 知识准备

### 一、草地虫害

知识链接8-5-1

草地害虫分布及危害

**1. 草地虫害**

指草地害虫种群数量超过防治阈值，大量取食牧草，使草地植被遭受严重破坏而引发的生物灾害。

**2. 草地害虫**

指在草地上短时期内大量暴发，造成草地植被严重破坏，引起草地生态系统失衡的虫类。青海天然草地主要害虫为草原蝗虫、草原毛虫。

#### 3. 宜生区

适宜于某种草地害虫生长发育区域，草地害虫有一定的种群数量，可以形成危害。

#### 4. 常发区

虫口密度在 10 年内有 3 年以上（含 3 年）达到防治标准区域，防治后 3～5 年仍能达到防治标准的区域。

## 二、草地虫害调查监测内容

一般调查监测的主要内容是草地害虫种类、虫口密度、发生时间及分布面积、危害程度、牧草损失量和实际经济损失等。对草地虫害详查时则还要考虑草地害虫的虫卵孵化率及发育进度、卵数量、幼虫（蝗蝻）龄期及形态、性比、成虫密度、天敌等。

## 三、草地虫害调查监测时间

草原毛虫监测时间：自春季发现第一头毛虫幼虫活动至产卵孵化出 1 龄幼虫为止。

草原蝗虫监测时间：当年春季土壤解冻后至蝗虫死亡。

一般调查监测在 6 月上旬（毛虫或蝗蝻进入 3～4 龄）进行。

## 四、草地虫害调查监测方法

### （一）路线调查

一般均采用座谈访问和实地调查相结合的方法。在野外实地调查前，先查阅与当地草地害虫生存有关区域的地理位置、海拔高度、气候条件、草地类型、地质与土壤、水文及植被等有关文献资料，然后邀请熟悉当地虫害情况的干部和牧民群众进行座谈访问，初步掌握害虫分布情况。在此基础上，采用路线调查的方法，根据当地虫害、地形、植被等特点确定调查路线。

#### 1. 分布调查

首先以县为单位查清虫害发生区域所属乡、村具体位置，然后组织座谈访问，初步掌握虫害分布情况，了解过程中在地图上勾绘其分布区域和范围图，其次深入乡、村进行实地调查，在搞清虫害水平分布和垂直分布情况的基础上对所勾的图斑进行校核修正。个别地区因交通等原因不能深入现场，可通过电话、线上等方式访问并勾图，但所勾面积不能超过虫害实际发生面积的 30%。

#### 2. 面积调查

以乡为单位，进行虫害分布区调查勾图。在此基础上根据图上勾绘的界线量算其面积，然后将各乡的面积相加，得出全县虫害面积，并标出需防治面积，凡面积在 100 $hm^2$ 以上的，都必须在图上反映出来。

### （二）定点调查

**1. 设立监测样地**

监测样地应设立在草地害虫常发区，既要反映该区域的环境特征和草地平均利用水平，又可通过气象站或自测获得所需的气象数据资料，样地面积不小于 100 $hm^2$（1 500 亩）。样地设置后不得随意更改，如因特殊原因变更后其编号废止不重新使用。监测样地距永久性居民点距离不少于 1 km，样地设立后要进行统一编号，并根据虫害监测样地基本情况调查表所列调查项目，登记样地空间位置、草地类型、地形地貌、主要植物、害虫种类、天敌种类等基本情况。

**2. 样地调查监测**

样地调查监测主要害虫危害损失监测，采用采食量推算法或样方对照法进行估测。

（1）采食量推算法。当草原毛虫虫口密度在 30～80 头/$m^2$、草原蝗虫虫口密度在 25～60 头/$m^2$ 时，采用此法。用下列公式计算。

$$Q = C \times M \times M_e$$

式中：

$Q$：草地害虫 1 年造成的鲜草损失量（g）；

$C$：1 头草地害虫 1 年采食鲜草量（草原毛虫为 3.6 g，草原蝗虫小型种为 5.04 g、中型种为 13.86 g）；

$M$：草地害虫为害面积（$m^2$）；

$M_e$：单位面积上草地害虫密度（头/$m^2$）。

（2）样方对照法。当草原毛虫虫口密度大于 80 头/$m^2$、草原蝗虫虫口密度大于 60 头/$m^2$ 时，采用此法，用草地害虫危害区单位面积内产草量与未危害区单位面积内产草量比较。用下列公式计算。

$$Q_1 = \frac{\sum x_1}{n_1} - \frac{\sum x_2}{n_2}$$

式中：

$Q_1$：单位面积危害牧草损失量（kg）；

$x_1$：未危害区单位面积上的产草量（kg）；

$x_2$：危害区单位面积上的产草量（kg）；

$n_1$：未危害区样方数（不小于 30 个）；

$n_2$：危害区样方数（不小于 30 个）。

**3. 样方监测**

（1）草原毛虫。在草原毛虫幼虫期于调查监测样地中随机布设 1 $m^2$ 的毛虫标准样框取样器取样，取样数量不少于 30 次，记录样方框内草原毛虫种类、数量、龄期等。计算虫口密度，登记于“毛虫幼虫密度样方监测表”。

知识链接 8-5-2

DB63/T 1417—2015 草原毛虫监测技术规范

（2）草原蝗虫。

①蝗蝻期。在草原蝗虫蝗蝻期于调查监测样地中随机抽取5个代表性样点，在每一样点以正常步幅逆风直线或折线行走，用标准扫网紧贴植被往复扫捕，每点扫100网，总捕获数不应少于50头；记录网内蝗虫种类、数量、龄期等，登记于蝗蝻定点监测表。

②成虫期。在调查监测样地内用0.25 $m^2$标准样框取样器随机取样9次以上，记录种类、数量、性比等，计算虫口密度，登记于蝗虫成虫定点监测表。

知识链接8-5-3

DB63/T 1416—2015 草原蝗虫监测技术规范

## 五、虫害发生与危害分级指标

依据草地牧草产量损失或按牧草受害轻重，可划分出草地虫害发生与危害等级（表8-5-1）。

表8-5-1 青海天然草地虫害发生与危害分级指标

| 危害等级 | 级别 | 单位面积牧草产量损失（%） |
|---|---|---|
| 轻度危害 | 1 | ＜15 |
| 中度危害 | 2 | 15～45 |
| 重度危害 | 3 | 46～85 |
| 极度危害 | 4 | ≥86 |

## 六、草地主要害虫防治指标

根据国家林业和草原局发布的《主要草原有害生物防治指标》，草地主要害虫危害程度防治指标见表8-5-2。

表8-5-2 草地主要害虫防治指标

| 类型 | 种类 | | 虫口密度（头/$m^2$） |
|---|---|---|---|
| 迁飞性害虫 | 蝗虫类（2～4龄若虫） | | 0.5 |
| | 草地螟（幼虫） | | 15 |
| 非迁飞性害虫 | 蝗虫类（2～4龄若虫） | 小型 | 25 |
| | | 中型 | 15 |
| | | 大型 | 5 |
| | | 混合型 | 10～20 |
| | 草原毛虫类（3～4龄幼虫） | | 30 |
| | 夜蛾类（幼虫） | | 20 |

备注：以优势种划分为小型、中型、大型蝗虫类。优势种不明显，划分为混合型。夜蛾类（幼虫）防治指标单位为每标准枝头数，其余为每平方米头数。

## 七、草地虫灾分级

按照受灾草地面积和虫害发生程度，将草地虫灾划分为四级（表 8-5-3）。

**表 8-5-3 草地虫灾分级**

| 草地虫灾等级 | 级别 | 预警信号 | 草地虫灾灾情 |
|---|---|---|---|
| 特别重大草地虫灾 | Ⅰ | 红色 | 5 个以上省级行政区草地虫灾面积 2 000 万 $hm^2$ 以上且密度达到防治标准，或者 3 个以上省相对连片 1 333 万 $hm^2$ 以上草地面积受灾且密度达到防治标准，或者 1 个省内 50% 以上或 667 万 $hm^2$ 以上草地面积受灾且密度达到防治标准 2 倍以上；沙漠蝗入侵 2 个以上省，或者沙漠蝗成灾面积合计 333 $hm^2$ 以上。 |
| 重大草地虫灾 | Ⅱ | 橙色 | 3 个以上省级行政区草地虫灾面积 1 333 万 $hm^2$ 以上且密度达到防治标准，或者 2 个省级行政区相对连片 333 万 $hm^2$ 以上草地面积受灾且密度达到防治标准，或者 1 个省内 30% 以上或 333 万 $hm^2$ 以上草地面积受灾且密度达到防治标准 2 倍以上；沙漠蝗入侵 2 个省，或者沙漠蝗成灾面积合计 200 $hm^2$ 以上。 |
| 较大草地虫灾 | Ⅲ | 黄色 | 1 个省相对连片 333 万 $hm^2$ 以上草地面积受灾且密度达到防治标准，或者 20% 以上或 200 万 $hm^2$ 以上草地面积受灾且密度达到防治标准 2 倍以上；沙漠蝗入侵 1 个省的 3 个县级行政区，或者沙漠蝗成灾面积合计 67 $hm^2$ 以上。 |
| 一般草地虫灾 | Ⅳ | 蓝色 | 其他未达到较大草地虫灾（Ⅲ级）情形的，为一般草地虫灾（Ⅳ级）。 |

- **材料准备**

虫害监测样地基本情况调查表、毛虫幼虫密度样方监测表、蝗蝻定点监测表、蝗虫成虫定点监测表、草地虫害调查记载表。

- **工具准备**

GNSS 定位仪、罗盘仪、照相机（手机）、计算器、测绳、标示隔离带、铁锹、铁锤、标牌、标桩、电子秤、虫袋、计数器、放大镜、钢卷尺、捕虫网、标准扫网、毛虫标准样框取样器、蝗虫标准样框取样器、解剖工具（解剖刀、解剖剪）、搪瓷盘、调查底图、基本工具（锤、钳、螺丝刀等）记录本、防护（防蚤）服、口罩、橡皮手套、高筒布袜、手套、肥皂、毛巾、交通工具。

- **人员准备**

**任务分工**

| 任务角色 | 任务内容 |
|---|---|
| 组长： | 任务：组织小组成员在天然草地划定虫害调查监测样地，讨论确定调查测定方式方法，分配工作任务，完成草地虫害相关测定任务，判定区域草地害虫危害等级。 |
| 组员 1： | 任务：参与观察、讨论，通过路线调查确定危害虫种、分布区域及分布面积，测定样地牧草盖度、产草量等，填写虫害监测样地基本情况调查表。 |
| 组员 2： | 任务：参与观察、讨论，采用标准扫网等方式规范捕虫，确定危害虫种、虫龄、数量等，填写害虫定点监测表。 |
| 组员 3： | 任务：参与观察、讨论，采用标准样框取样器规范取样，标准扫网等方式捕虫，查清危害虫种、虫龄、数量等。 |
| 组员 4： | 任务：参与观察、讨论，根据调查监测数据，统计填写毛虫幼虫密度样方监测表、蝗蝻定点监测表、蝗虫成虫定点监测表。 |

## 任务筹划

完成区域草地虫害调查监测工作，需要筹划以下 6 个方面的事项。

（1）根据草地虫害调查监测需要，设置草地虫害调查样地，填写虫害监测样地基本情况调查表。

（2）通过路线调查确定危害虫种、分布区域及分布面积等。

（3）采用“采食量测算法”“样方对照法”测定害虫对草地牧草的破坏损失量。

（4）利用标准样框取样器框选样方进行样方害虫测定，获取害虫虫口密度等数据，填写毛虫幼虫密度样方监测表、蝗蝻定点监测表。

（5）利用标准扫网捕获蝗虫成虫，统计并填写蝗虫成虫定点监测表。

（6）根据各项测定数据，综合评判草地害虫危害等级。

## 任务实施

步骤一：设置草地虫害调查样地，填写虫害监测样地基本情况调查表。

步骤二：标准样框取样器取样测定害虫虫口密度，填写相关调查监测表。

虫害监测样地基本情况调查表

毛虫幼虫密度样方监测表

蝗蝻定点监测表

蝗虫成虫定点监测表

步骤三：综合评判草地害虫危害等级。

草地害虫调查记载表

## 任务总结

________________________________________

________________________________________

________________________________________

________________________________________。

## 任务检测

请扫码答题。

任务检测（上）　任务检测（下）

# 任务六　监测草地毒害草危害

## 任务导入

我国现有毒害草主要种类 52 科 165 属 306 种，主要分布在青海、甘肃、四川、内蒙古、宁夏、西藏和新疆等省（自治区），全国 268 个牧区半牧区县天然草地毒害草年均危害面积 1 900 万 $hm^2$，每年造成的直接和间接损失达几百亿元。

特别是近几十年来，毒害草在我国西部天然草地蔓延成灾，牲畜毒害草中毒呈现多发、频发，甚至暴发趋势，给农牧民的生产、生活和社会稳定带来严重危害，被称为草地的“绿色杀手”。草地毒害草不但削弱了草地生态系统稳定性及生态服务功能，而且严重影响草地畜牧业的发展和农牧民的增收，动摇了农牧民对草原的安全感，对草原牧区社会发展与稳定构成严重威胁。草地毒害草蔓延趋势如不加以防控，将逐渐退化成为荒漠化草地，严重影响草地生态平衡和载畜功能。

请在天然草地上毒害草适生常发区正确设置调查监测样地，针对毒害草采用路线监测、定点监测的方法，调查监测样地上的毒害草种类、分布区域、面积、密度，危害程度等。规范填写毒害草监测样地基本情况调查表、毒害草样方法监测表、毒害草样方法监测汇总表、毒害草样线法监测表、区域草地毒害草调查记载表等调查监测表格。

## 任务工单

班级 ________________　姓名 ________________　学号 ________________

<table>
<tr><td>任务名称</td><td colspan="4">监测草地毒害草危害</td></tr>
<tr><td>任务描述</td><td colspan="4">根据实际情况，填写本任务的内容、目的、流程和方法。<br>任务内容：________________________________。<br>任务目的：________________________________。<br>任务流程：________________________________。<br>任务方法：________________________________。</td></tr>
<tr><td>获取信息</td><td colspan="4">要完成任务，需要掌握相关的知识。请收集资料，回答以下问题。<br>1. 什么是草地毒害草？草地毒草和草地害草有何区别？<br>2. 草地毒害草的危害程度是如何划分的？<br>3. 草地毒害草主要的调查监测内容包括哪些？<br>4. 草地毒害草样线法调查监测具体如何实施？<br>5. 天然草常见的毒害草有哪些？</td></tr>
<tr><td>制订计划</td><td colspan="4">制订完成本任务的工作计划。</td></tr>
<tr><td rowspan="6">任务实施</td><td colspan="4">按照预先制订的工作计划，完成本任务，并记录任务实施过程。</td></tr>
<tr><td>序号</td><td>完成的任务</td><td>遇到的问题</td><td>解决办法</td></tr>
<tr><td></td><td></td><td></td><td></td></tr>
<tr><td></td><td></td><td></td><td></td></tr>
<tr><td></td><td></td><td></td><td></td></tr>
<tr><td></td><td></td><td></td><td></td></tr>
</table>

（续表）

| 任务评价 | 评价表 | | | | | |
|---|---|---|---|---|---|---|
| | 项目 | 评价内容 | 分值 | 自评 | 互评 | 师评 |
| | 知识技能 | 正确设置草地毒害草调查监测样地并填写毒害草监测样地基本情况调查表 | 10 | | | |
| | | 正确进行路线调查，确定毒害草分布区域及危害面积 | 10 | | | |
| | | 正确设置毒害草监测样方进行调查，填写毒害草样方法监测表、毒害草样方法监测汇总表 | 15 | | | |
| | | 正确设置毒害草监测样线及样点进行调查，填写毒害草样线法监测表 | 15 | | | |
| | | 判定所在区域草地毒害草危害程度，填写草地毒害草调查记载表 | 10 | | | |
| | 任务进度 | 提前完成10分；正常完成7～9分；超时完成3～6分；未完成0～2分 | 10 | | | |
| | 任务质量 | 整体效果很好为10分；较好为7～9分；一般为3～6分；较差为0～2分 | 10 | | | |
| | 素养表现 | 团队分工明确、配合默契，观察细致，动作规范，操作严谨求实 | 15 | | | |
| | 思政表现 | 具有绿色防控思维，能够向农牧民宣传环境保护知识 | 5 | | | |

## 任务准备

### • 知识准备

知识链接 8-6-1

草地毒害草分布及危害

知识链接 8-6-2

中国外来入侵物种名单（植物篇）

#### 一、草地毒害草危害调查监测内容

调查监测的主要内容是统计当地毒害草的主要种类、分布区域、面积、密度、危害程度等。

#### 二、草地毒害草危害调查监测时间

每年进行1～2次监测调查。根据毒害草的生长发育时期确定监测时间，一般

应在盛花期（6—8 月）进行。

## 三、草地毒害草危害调查监测方法

采用座谈访问和实地调查相结合的方法。在野外实地调查前，先邀请熟悉当地毒害草情况的干部和牧民群众进行座谈，并查阅有关文献资料，确定毒害草的发生区域。在此基础上确定普查路线与重点调查地区进行实地调查。

### 1. 分布调查

首先以县为单位查清毒害草发生区域所属乡、村具体地名，然后组织座谈访问，初步掌握毒害草分布情况，在了解过程中勾绘其分布区域和范围图，其次深入乡、村进行实地调查，在搞清毒害草水平分布和垂直分布情况的基础上对所勾的图斑进行校核修正。个别地区因交通等原因不能深入现场，可通过访问勾图，但所勾面积不能超过毒害草实际发生面积的 30%。

### 2. 面积调查

以乡为单位，进行毒害草分布区调查勾图的同时应标明鼠虫害、毒害草单独发生区、混生区。在此基础上根据图上勾绘的界线量计算其面积，然后将各乡的面积相加，得出全县毒害草发生面积，并标出需防治面积；凡面积在 100 $hm^2$ 以上，都必须在图上反映出来。

### 3. 种类调查

主要以棘豆、狼毒、橐吾、乌头、醉马草为主，对其他毒害草也应调查。采用目测法，即边走边观察所见的毒害草，记录毒害草种类及其生境，通过调查记录确定毒害草的优势种和伴生种。

### 4. 密度调查

通过样方法或样线法详查毒害草的种类、数量及盖度。

（1）样方法。在调查监测区域，针对毒害草适生常发区选取若干个毒害草发生的典型生境设置样地，在每个样地内选取 20 个以上的样方，样方面积 1～4 $m^2$。取样可采用随机取样、规则取样、限定随机取样或代表性样方取样等方法，对样方内的所有毒害草种类、数量及覆盖度进行调查，调查结果登记于毒害草监测样地基本情况调查表、毒害草样方法监测表、毒害草样方法监测汇总表。

（2）样线法。在调查监测区域，针对毒害草适生常发区选取若干个毒害草发生的典型生境设置样地，在样地内随机选取 1～2 条样线（一般取对角线，取对角线不便或无法实现时可使用“S”形、“V”形、“N”形、“W”形曲线），样线长度 20～100 m，每条样线上选取等距的 0.4～2 m 的若干个样点。样点确定后，将取样签（方便获取和使用的木签、竹签，金属签等均可）以垂直于样点所处地面的角度插入地表，插入点半径 5 cm 内的毒害草即为该样点的样本植物，调查结果记录于毒害草样线法监测表。

知识链接 8-6-3

DB63/T 393—2002 草地鼠虫害、毒草调查技术规程

### 5. 危害程度调查

根据毒害草的盖度估算草地毒害草危害程度（表 8-6-1），记录于区域草地毒害

草调查记载表。

**表 8-6-1 草地毒害草危害程度分级**

| 危害等级 | 级别 | 毒害草盖度（%） |
|---|---|---|
| 轻度危害 | 1 | 15～25 |
| 中度危害 | 2 | 26～50 |
| 重度危害 | 3 | ＞50 |

**6. 毒害草危害程度防治指标**

根据国家林业和草原局发布的《主要草原有害生物防治指标》，草地主要毒害草危害程度防治指标见表 8-6-2。

**表 8-6-2 草地主要毒害草危害程度防治指标**

| 类型 | 种类 | 其他草地类组植被盖度（%） | 荒漠类组植被盖度（%） |
|---|---|---|---|
| 毒害草 | 新入侵（外来）毒害草 | ＞0 | ＞0 |
| | 一般毒害草 | 30 | 100 |

备注：一般毒害草在荒漠类组（温性荒漠、温性草原化荒漠、高寒荒漠）中不防治。

知识链接 8-6-4

我国主要草原有害生物防治指标制定与分析

## • 材料准备

毒害草监测样地基本情况调查表、毒害草样方法监测表、毒害草样方法监测汇总表、毒害草样线法监测表、草地毒害草调查记载表。

## • 工具准备

GNSS 定位仪、罗盘仪、照相机（手机）、计算器、测绳、标示隔离带、铁锹、铁锤、标牌、标桩、电子秤、标本夹、计数器、钢卷尺、取样签、样方框、记录本、防护（防蚤）服、口罩、橡皮手套、高筒布袜、手套、肥皂、毛巾、交通工具。

## • 人员准备

**任务分工**

| 任务角色 | 任务内容 |
|---|---|
| 组长： | 任务：组织小组成员在天然草地划定毒害草调查监测样地，讨论确定调查测定方式方法，分配工作任务，完成草地毒害草相关测定任务，判定区域草地毒害草危害等级。 |
| 组员 1： | 任务：参与观察、讨论，通过路线调查确定毒害草种类、分布区域及分布面积等，填写毒害草监测样地基本情况调查表。 |

（续表）

| 任务角色 | 任务内容 |
|---|---|
| 组员 2： | 任务：参与观察、讨论，采用样方法确定毒害草种类、数量、盖度等，填写毒害草样方法监测表、毒害草样方法监测。 |
| 组员 3： | 任务：参与观察、讨论，采用样线法确定毒害草种类、数量等，填写毒害草样线法监测表。 |
| 组员 4： | 任务：参与观察、讨论，根据调查监测数据，判定草地毒害草危害程度，填写草地毒害草调查记载表。 |

## 任务筹划

完成区域草地毒害草调查监测工作，需要筹划以下 4 个方面的事项。

（1）根据草地毒害草调查监测需要，设置草地毒害草调查样地，填写毒害草监测样地基本情况调查表。

（2）通过路线调查确定毒害草种类、分布区域及分布面积等。

（3）采用“样方法”“样线法”测定获取毒害草种类、数量、盖度等监测数据。

（4）根据各项测定数据，综合评判草地毒害草危害等级，填写草地毒害草调查记载表。

## 任务实施

步骤一：设置草地毒害草调查样地，调查毒害草监测样地基本情况。

步骤二：设置毒害草调查样方，测定毒害草数量、密度、盖度并汇总。

步骤三：设置毒害草调查样线样点，测定毒害草种类、数量、密度。

步骤四：综合评判草地毒害草危害等级。

毒害草监测样地基本情况调查表

毒害草样方法监测表

毒害草样方法监测汇总表

毒害草样线法监测表

草地毒害草调查记载表

## 任务总结

________________________________________________________________

________________________________________________________________

________________________________________________________________

________________________________________________________________。

## 任务检测

请扫码答题。

任务检测（上）　　任务检测（下）

# 项目九 评价草地

## 项目导读

草地作为最大的陆地生态系统，长期以来在国土资源安全、边疆经济繁荣、牧区人民增收、民族团结稳定、产业结构调整、循环经济发展等方面占据重要的地位。由于其一直被视为廉价或免费资源，导致其被过度开发与粗放利用，进而使得草地自然供给与再生能力下降，引发生态失衡，压缩了未来的经济增长空间，严重威胁可持续发展。

为了能够切实树立和践行“生态优先，绿色发展”的理念，把“山水林田湖草”作为一个生命共同体进行统一保护、统一修复，需要因地制宜、循序渐进地落实，需要根据草地资源本身的固有属性进行分类利用、合理开发、重点区域建设和保护，而这一切的前提是对于草地的质量和数量有着深入认识和了解。

但是随着社会发展和人们对于草地资源开发利用的认识逐渐发生转变，当前草地资源所扮演的角色已经不仅是畜牧业的生产资料这一单一用途了，其更多的作用应体现在生态价值领域，包括其作为生态屏障和草地碳汇等方面的作用。我国天然草地的定位由“生产为主”转变为“生态为主”。

本项目从最基础的草地植物饲用价值评价入手，通过行动导向“六步法”的操作流程，了解草地评价的相关知识，熟悉草地评价的方式方法，掌握草地植物饲用价值、草地等级、草地健康状况、草地保护与建设工程效益评价的技能，规范填写各类草地评价记录表。

## 知识目标

（1）掌握草地等级、草地健康等概念。

（2）了解草地植物饲用价值、草地等级、草地健康的级别划分。

（3）熟悉草地植物饲用价值、草地等级、草地健康状况、草地保护与建设工程效益评价方式方法。

## 技能目标

（1）能够正确评测牧草饲用价值等级。
（2）能够正确评测区域草地等级。
（3）能够正确评测区域草地健康状况。
（4）能够正确评测区域草地保护与建设工程效益。

## 素养目标

（1）提升自我管理能力。能有效地计划并实施各种活动，恰当有效地利用时间，熟知安全常识，保证自己的行为不会给自己和他人带来危险。

（2）提升交流沟通能力。能聆听他人观点、清晰并有逻辑地表达自己的观点和见解，阅读并理解多种来源的信息，做出推理并得出判断或结论。

（3）提升探究能力。能通过各种方式主动获取所需的资料，并进行筛选整理、处理分析资料，以合适的形式体现探究结果。

## 思政目标

（1）尊重自然、顺应自然、保护自然，促进人与自然的和谐共生，实现人民群众对美好生活的向往。

（2）科学评价草地资源，推进青藏高原生态保护，努力打造生态文明高地。

# 任务一　评价牧草饲用价值

### 任务导入

牧草是草食家畜最优良、最经济的饲料来源，是发展草地畜牧业的基础元素。牧草中不仅含有草食家畜必需的各种营养物质，还含有对维持反刍家畜健康特别重要的粗纤维，这是粮食与其他饲料所不能替代的。天然草地上的牧草种类繁多，但不同的牧草饲用价值有优劣之分。在草地调查监测工作中，科学评价天然草地牧草饲用价值也是一项重要的工作内容。

请在天然草地上选定几种优势牧草，规范利用评价标准从适口性、营养价值、耐牧性及冷季保存率4个方面评价其饲用价值等级，规范填写牧草饲用价值评价表。

### 任务工单

班级＿＿＿＿＿＿＿＿　姓名＿＿＿＿＿＿＿＿　学号＿＿＿＿＿＿＿＿

| 任务名称 | 评价牧草饲用价值 |
|---|---|
| 任务描述 | 根据实际情况，填写本任务的内容、目的、流程和方法。 |

（续表）

<table>
<tr><td rowspan="1">任务描述</td><td colspan="6">任务内容：________________________________<br>________________________________。<br>任务目的：________________________________<br>________________________________。<br>任务流程：________________________________<br>________________________________。<br>任务方法：________________________________<br>________________________________。</td></tr>
<tr><td>获取信息</td><td colspan="6">要完成任务，需要掌握相关的知识。请收集资料，回答以下问题。<br>1. 牧草饲用价值的评价主要是通过哪些指标来进行评价？<br><br>2. 什么是牧草的适口性？评价牧草的适口性通常要考虑哪些因素？<br><br>3. 牧草的营养价值的评价主要考虑哪些实验室测定内容？<br><br>4. 什么是牧草的耐牧性？牧草的耐牧性通过哪些性状来体现？<br><br>5. 牧草根据饲用价值可以分为哪些等级？</td></tr>
<tr><td>制订计划</td><td colspan="6">制订完成本任务的工作计划。</td></tr>
<tr><td rowspan="6">任务实施</td><td colspan="6">按照预先制订的工作计划，完成本任务，并记录任务实施过程。</td></tr>
<tr><td>序号</td><td>完成的任务</td><td colspan="2">遇到的问题</td><td colspan="2">解决办法</td></tr>
<tr><td></td><td></td><td colspan="2"></td><td colspan="2"></td></tr>
<tr><td></td><td></td><td colspan="2"></td><td colspan="2"></td></tr>
<tr><td></td><td></td><td colspan="2"></td><td colspan="2"></td></tr>
<tr><td></td><td></td><td colspan="2"></td><td colspan="2"></td></tr>
<tr><td rowspan="6">任务评价</td><td colspan="6">评价表</td></tr>
<tr><td>项目</td><td>评价内容</td><td>分值</td><td>自评</td><td>互评</td><td>师评</td></tr>
<tr><td rowspan="4">知识技能</td><td>正确区分草地植物经济类群，牧草饲用价值等级</td><td>10</td><td></td><td></td><td></td></tr>
<tr><td>通过走访、资料查询等方式评定某种牧草的适口性</td><td>10</td><td></td><td></td><td></td></tr>
<tr><td>通过资料查询、实验室化验等方式评定某种牧草的营养价值</td><td>10</td><td></td><td></td><td></td></tr>
<tr><td>通过观察、走访等方式评定某种牧草的耐牧性</td><td>10</td><td></td><td></td><td></td></tr>
</table>

（续表）

| 任务评价 | 评价表 | | | | | |
|---|---|---|---|---|---|---|
| | 项目 | 评价内容 | 分值 | 自评 | 互评 | 师评 |
| | 知识技能 | 通过冷季产草量测定、资料查询等方式评定某种牧草冷季保存率 | 10 | | | |
| | | 根据以上评分汇总，判定某种牧草的饲用价值等级 | 10 | | | |
| | 任务进度 | 提前完成10分；正常完成7～9分；超时完成3～6分；未完成0～2分 | 10 | | | |
| | 任务质量 | 整体效果很好为10分；较好为7～9分；一般为3～6分；较差为0～2分 | 10 | | | |
| | 素养表现 | 团队分工明确、配合默契，观察细致，能够主动获取所需资料，并进行筛选整理 | 15 | | | |
| | 思政表现 | 尊重自然、敬畏生命，保护生物多样性、共建地球生命共同体 | 5 | | | |

## 任务准备

### • 知识准备

### 一、草地植物经济类群划分

草地植物经济类群是指从经济利用角度特别是从饲用价值出发划分的具有大致相似利用价值的草地植物类群。草地植物按经济类群可划分为以下3类。

**1. 牧草**

指草地上可用于家畜采食的草类植物，包括草本型、藤本型及小灌木、半灌木和灌木等各类型栽培或野生的植物。

**2. 不可食杂类草**

指草地上家畜季节性偶食或不可食的植物。

**3. 毒害草**

指草地上的有毒的植物及有害植物。

### 二、牧草饲用价值

草地牧草饲用价值是根据可食牧草的适口性、营养价值、耐牧性及保存率指标，可将牧草按饲用价值划分为优、良、中、低、劣5个等级。

**1. 优等牧草**

各种家畜从草群中首选挑食；粗蛋白质含量＞10%，粗纤维含量＜30%；草质柔软，耐牧性好，冷季保存率高。

**2. 良等牧草**

各种家畜喜食，但不挑食；粗蛋白质含量＞8%，粗纤维含量＜35%；耐牧性好，冷季保存率高。

**3. 中等牧草**

各种家畜均采食，但采食程度不及优等和良等牧草，枯黄后草质迅速变粗硬或青绿期有异味，家畜不愿采食；粗蛋白质含量＜10%，粗纤维含量＞30%；耐牧性良好。

**4. 低等牧草**

大多数家畜不愿采食，仅耐粗饲的骆驼或山羊喜食，或草群中优良牧草已被采食完后才采食；粗蛋白质含量＜8%，粗纤维含量＞35%；耐牧性较差，冷季保存率低。

知识链接 9-1-1

天然草地牧草饲用价值分等表

**5. 劣等牧草**

家畜不愿意采食或很少采食，或只在饥饿时才采食，或某季节有轻微毒害作用，仅在一定季节少量采食；耐牧性差，营养物质含量与中低等牧草无明显差异。

## 三、牧草饲用价值评价方法

知识链接 9-1-2

NY/T 1579—2007 天然草原等级评定技术规范

天然草地上的某种牧草的饲用价值采用评分法进行评价，主要考虑牧草的适口性、营养价值、耐牧性及冷季保存率 4 项指标。

**1. 牧草适口性评价**

依据牛、马、山羊、绵羊、骆驼 5 种家畜，在不同的时间和空间，对牧草喜食程度、采食利用时间进行评价（表 9-1-1）。一般通过访问当地牧民、专家经验及查阅文献资料、实地跟踪调查等方法获取该指标评分。

**表 9-1-1　牧草适口性评价标准**

| 采食家畜 | 分值 | 采食程度 | 分值 | 采食时间 | 分值 |
|---|---|---|---|---|---|
| 5 种 | 20 | 嗜食 | 20 | 4 季 | 10 |
| 4 种 | 16 | 喜食 | 16 | 3 季 | 8 |
| 3 种 | 12 | 乐食 | 12 | 2 季 | 6 |
| 2 种 | 8 | 可食 | 8 | 1 季 | 4 |
| 1 种 | 4 | 少食或某时可食 | 4 | 少于 1 季 | 2 |

备注：采食程度、采食时间，需有 3 种以上家畜达到同一个级别，才能判定为该级别，否则需要降低一个级别打分。

### 2. 牧草营养价值评价

采用概略营养法，选择抽穗期、现蕾期的牧草，在实验室用化验方法获取其粗蛋白质、粗纤维含量后，确定该指标的评分（表 9-1-2）。

表 9-1-2　牧草营养价值评价标准

| 粗蛋白质（CP） | | 粗纤维（CF） | |
|---|---|---|---|
| 含量（%） | 分值 | 含量（%） | 分值 |
| CP≥12 | 25 | CF＜20 | 10 |
| 10≤CP＜12 | 20 | 20≤CF＜25 | 8 |
| 8≤CP＜10 | 15 | 25≤CF＜30 | 6 |
| 6≤CP＜8 | 10 | 30≤CF＜35 | 4 |
| CP＜6 | 5 | CF≥35 | 2 |

### 3. 牧草耐牧性评价

牧草耐牧性是指牧草能够承受放牧家畜采食和践踏，以及耐刈割的能力。其评价通过观测牧草修复、再生及繁殖能力进行评分（表 9-1-3）。

表 9-1-3　牧草耐牧性评价标准

| 牧草耐牧性 | 分值 | 牧草耐牧性 | 分值 |
|---|---|---|---|
| 好 | 10 | 较差 | 4 |
| 良好 | 8 | 差 | 2 |
| 中等 | 6 | | |

### 4. 牧草冷季保存率评价

冷季保存率是指牧草在冷季的产量占生长期最高产量的百分比。评价时需要测定牧草冷季产量，并与牧草生长期最高产量计算得到牧草冷季保存率后进行评分（表 9-1-4）。

表 9-1-4　牧草冷季保存率评价标准

| 冷季保存率 %（PRc） | 分值 | 冷季保存率 %（PRc） | 分值 |
|---|---|---|---|
| PRc≥70 | 5 | 40≤PRc＜50 | 2 |
| 60≤PRc＜70 | 4 | PRc＜40 | 1 |
| 50≤PRc＜60 | 3 | | |

### 5. 牧草饲用价值评价

通过对牧草适口性、营养价值、耐牧性、冷季保存率评分汇总统计，确定牧草饲用价值评价结果（表 9-1-5）。

表 9-1-5　牧草饲用价值评价标准

| 评价项目 | 满分值 | 判定标准 |
|---|---|---|
| 适口性 | 50 | G≥80：判定为优等牧草 |
| 营养价值 | 35 | 60≤G＜80：判定为良等牧草 |
| 耐牧性 | 10 | 40≤G＜60：判定为中等牧草 |
| 冷季保存率 | 5 | 20≤G＜40：判定为低等牧草 |
| 合计（G） | 100 | G＜20：判定为劣等牧草 |

- **材料准备**

牧草饲用价值评价表。

- **工具准备**

GNSS 定位仪、罗盘仪、照相机（手机）、计算器、测绳、标本夹、钢卷尺样方框、剪草剪刀、戥子称（或电子秤）、草样袋、A4 板夹、铅笔、记号笔等。

- **人员准备**

任务分工

| 任务角色 | 任务内容 |
|---|---|
| 组长： | 任务：组织小组成员选定某种牧草，讨论确定牧草饲用价值评价的方式方法，分配工作任务，完成某种牧草饲用价值评价任务，评定该牧草饲用价值等级。 |
| 组员 1： | 任务：通过走访、实地观察、资料查询等方式按评价值标准对该种牧草的适口性进行评分。 |
| 组员 2： | 任务：通过资料查询、实验室化验等方式获取牧草营养分析结果，按评价标准对该种牧草的营养价值进行评分。 |
| 组员 3： | 任务：通过观测、走访等方式按评价标准对该种牧草的耐牧性进行评分。 |
| 组员 4： | 任务：通过冷季产草量测定、资料查询等方式计算出牧草冷季保存率，并按评价标准对该种牧草的冷季保存率进行评分。 |

## 任务筹划

完成牧草饲用价值评价工作，需要筹划以下 4 个方面的事项。

（1）牧草的适口性评价通过走访牧民和专业技术人员、实地观察、资料查询等方式进行。尤其是评价采食程度和采食时间时，需有 3 种以上家畜达到同一个级别，才能判定为该级别，否则需要降低一个级别。

（2）牧草的营养价值评价需要通过资料查询、实验室化验等方式获取牧草营养分析结果。

（3）牧草的耐牧性评价要通过观测、走访牧民和专业技术人员、资料查询等方式获取牧草修复、再生及繁殖情况综合评判。

（4）牧草冷季保存率要通过冷季产草量测定、生长期产量最高月产草量测定计算或资料查询等方式获得。

## 任务实施

针对某种牧草，根据其适口性、营养价值、耐牧性、冷季保存率给予评分，判定其饲用价值。

牧草饲用价值评价表

## 任务总结

______________________________________________________________________

______________________________________________________________________

______________________________________________________________________。

## 任务检测

请扫码答题。

任务检测（上）　任务检测（下）

# 任务二　评价草地等级

## 任务导入

我国草地资源多为天然草地。从草地畜牧业生产方面来说，全国各个区域草地资源的优劣程度并不完全一样，因此可根据草地的质量和产量将草地划分为不同的等级，草地等级可以很好地反映出不同区域草地资源的整体水平。草地等级的评价，就是在对天然草地类型及其生境进行全面调查之后，就草地的植被组成、生产力和其他自然特性，进行综合的评价。

请在某区域天然草地上选定 10 $hm^2$ 以上的一块草地，采用野外路线调查、访问调查等方法，选择具有代表性的样方，测定草地等和草地级的各项指标，规范利用草地等级评价标准，对其草地等级作出评价，规范填写区域草地等级综合评定表。

## 任务工单

班级 __________　姓名 __________　学号 __________

<table>
<tr><td>任务名称</td><td colspan="4">评价草地等级</td></tr>
<tr><td>任务描述</td><td colspan="4">根据实际情况，填写本任务的内容、目的、流程和方法。<br>任务内容：____________________________________________。<br>任务目的：____________________________________________。<br>任务流程：____________________________________________。<br>任务方法：____________________________________________。</td></tr>
<tr><td>获取信息</td><td colspan="4">要完成任务，需要掌握相关的知识。请收集资料，回答以下问题。<br>1. 什么是草地等？天然草地分为哪些等？<br>2. 什么是草地级？天然草地分为哪些级？<br>3. 什么是草地等级？天然草地分为哪些等级？<br>4. 如何进行草地等的评价？<br>5. 草地等级评价时采用的方法是什么？</td></tr>
<tr><td>制订计划</td><td colspan="4">制订完成本任务的工作计划。</td></tr>
<tr><td rowspan="6">任务实施</td><td colspan="4">按照预先制订的工作计划，完成本任务，并记录任务实施过程。</td></tr>
<tr><td>序号</td><td>完成的任务</td><td>遇到的问题</td><td>解决办法</td></tr>
<tr><td></td><td></td><td></td><td></td></tr>
<tr><td></td><td></td><td></td><td></td></tr>
<tr><td></td><td></td><td></td><td></td></tr>
<tr><td></td><td></td><td></td><td></td></tr>
</table>

（续表）

| 任务评价 | 评价表 | | | | | |
|---|---|---|---|---|---|---|
| | 项目 | 评价内容 | 分值 | 自评 | 互评 | 师评 |
| | 知识技能 | 正确区分区域草地牧草饲用价值等级 | 10 | | | |
| | | 能在待评草地范围内正确设置数量符合要求的样方 | 5 | | | |
| | | 正确分种测定样方内各类牧草的产草量 | 15 | | | |
| | | 按牧草饲用价值等级汇总样方数据，正确评价待评草地的草地等 | 10 | | | |
| | | 按可食牧草产量及样方草产量汇总样方数据，正确评价待评草地的草地级 | 10 | | | |
| | | 根据以上草地等、草地级的汇总数据及评价结果，综合评定出待评草地的草地等级 | 10 | | | |
| | 任务进度 | 提前完成 10 分；正常完成 7～9 分；超时完成 3～6 分；未完成 0～2 分 | 10 | | | |
| | 任务质量 | 整体效果很好为 10 分；较好为 7～9 分；一般为 3～6 分；较差为 0～2 分 | 10 | | | |
| | 素养表现 | 能对各类数据进行处理分析，并以合适的形式体现，有效提升探究能力 | 15 | | | |
| | 思政表现 | 正确评价草地，向牧民宣传正确保护利用草地的知识 | 5 | | | |

## 任务准备

知识链接 9-2-1

NY/T 1579—2007 天然草原等级评定技术规范

### • 知识准备

#### 一、草地等的划分标准

草地等是指草地草群的饲用品质的优劣，用不同饲用价值的牧草产量占草群总产量的百分比来确定。草地等的划分体现的是草地的“质量”。

草地等的划分是依据不同饲用价值等级的牧草在待评草地草群中的比例将全国草地划分为 5 个草地等（表 9-2-1）。

**表 9-2-1 草地等划分标准**

| 草地等 | 划分标准 |
| --- | --- |
| Ⅰ等草地 | 优等牧草占总产量≥60% |
| Ⅱ等草地 | 良等以上牧草占总产量≥60% |
| Ⅲ等草地 | 中等以上牧草占总产量≥60% |
| Ⅳ等草地 | 低等以上牧草占总产量≥60% |
| Ⅴ等草地 | 劣等和不可食草类占总产量≥40% |

## 二、草地级的划分标准

草地级是指草地可食牧草产量的高低，由单位面积可食牧草风干重来确定。草地级的划分体现的是草地的“产量”。

草地级的划分是根据天然草地草群地上可食产草量的风干重将全国草地划分为 8 个草地级（表 9-2-2）。

**表 9-2-2 草地级划分标准**

| 草地级 | 划分标准 |
| --- | --- |
| 1 级草地 | 可食牧草产量≥4 000 kg/hm$^2$ |
| 2 级草地 | 3 000 kg/hm$^2$≤可食牧草产量＜4 000 kg/hm$^2$ |
| 3 级草地 | 2 000 kg/hm$^2$≤可食牧草产量＜3 000 kg/hm$^2$ |
| 4 级草地 | 1 500 kg/hm$^2$≤可食牧草产量＜2 000 kg/hm$^2$ |
| 5 级草地 | 1 000 kg/hm$^2$≤可食牧草产量＜1 500 kg/hm$^2$ |
| 6 级草地 | 500 kg/hm$^2$≤可食牧草产量＜1 000 kg/hm$^2$ |
| 7 级草地 | 250 kg/hm$^2$≤可食牧草产量＜500 kg/hm$^2$ |
| 8 级草地 | 可食牧草产量＜250 kg/hm$^2$ |

## 三、草地等级的划分标准

草地等级是指将草地等和草地级叠加组合，进行草地质量和产量评定的综合指标。

草地等级是在草地等和草地级评定的基础上，对草地等和草地级进行叠加组合，然后将草地等归并为优质、中质、劣质，草地级归并为高产、中产、低产，最终将全国草地产草量划分归并为 9 个草地等级（表 9-2-3）。

表 9-2-3 草地等级划分标准

| 草地等级 | 划分标准 |
| --- | --- |
| 优质高产 | 良等以上牧草占总产量≥60%，可食牧草产量≥3 000 kg/hm² |
| 中质高产 | 低等以上牧草占总产量≥60%，可食牧草产量≥3 000 kg/hm² |
| 劣质高产 | 劣等牧草占总产量≥40%，可食牧草产量≥3 000 kg/hm² |
| 优质中产 | 良等以上牧草占总产量≥60%，500 kg/hm²≤可食牧草产量＜3 000 kg/hm² |
| 中质中产 | 低等以上牧草占总产量≥60%，500 kg/hm²≤可食牧草产量＜3 000 kg/hm² |
| 劣质中产 | 劣等牧草占总产量≥40%，500 kg/hm²≤可食牧草产量＜3 000 kg/hm² |
| 优质低产 | 良等以上牧草占总产量≥60%，可食牧草产量＜500 kg/hm² |
| 中质低产 | 低等以上牧草占总产量≥60%，可食牧草产量＜500 kg/hm² |
| 劣质低产 | 劣等牧草占总产量≥40%，可食牧草产量＜500 kg/hm² |

## 四、草地等级评价方法

草地等级调查以区域评定为单元，在牧草产量最高月份，采用野外路线调查、访问调查等方法进行。路线调查中，选择具有代表性的样方，测定草地等和草地级的各项指标。

样方设置在评定区域范围内，设置 1～4 条野外调查路线，调查路线应能够穿越评定区域的主要地貌类型。在调查路线上选定有代表性的草地设置第 1 个样方，再按照一定方向和间距依次确定其他样方。评定区域小于 10 hm² 的草地设置 5～8 个草本样方，若灌木草地，设置 2～4 个灌木样方。面积大于 10 hm² 的，每增加 10 hm² 增设 1～2 个草本样方，或增设 1 个灌木样方。若地形较复杂，植被分布不均，可相应增设样方数量。

### 1. 草地等的调查方法

牧草适口性、耐牧性和冷季保存率采用访问当地牧民、专家经验及查阅文献资料，结合实地观测等方法；牧草营养价值采用实验室分析化验、查阅文献资料方法。

汇总样方数据时，要将评定区域所有样方内的牧草以饲用价值评价结果，分别统计汇总，计算各等饲用价值的牧草占总产量的重量百分比。优等牧草占 60% 以上，按照草地等评定指标该草地为优等草地，不再计算其他等的牧草；优等牧草达不到 60%，再和下一等的牧草累加计算重量百分比，依此类推进行草地等的评定。

### 2. 草地级的调查方法

草地级采用实地测产样方调查法。具体测产方法按“中小草本及小半灌木草地”“灌木及高大草本草地”样方测定方法进行。所有样方需分种测定，并参照区域牧草饲用价值评定结果，按优、良、中、低、劣不同饲用价值分别进行产量测定登记，汇总样方数据时取评定区域的所有样方内的可食牧草产量平均值，确定单位面积产量。

知识链接 9-2-2

草地等级归并的过程

知识链接 9-2-3

中国草地等级划分体系回顾与新体系构建

3. 草地等级综合评价

在草地等、草地级评定基础上进行等级叠加组合，按草地等级综合评定标准评价区域草地等级，填写区域草地等级综合评定表。

## • 材料准备

中小草本及小半灌木草地产草量测定表、灌木及高大草本草地产草量测定表、区域草地等级综合评定表。

## • 工具准备

GNSS 定位仪、罗盘仪、照相机（手机）、摄影无人机、计算器、测绳、标示隔离带、铁锹、铁锤、标牌、标桩、样方框、钢卷尺、皮卷尺、剪草剪刀、戥子称（或电子秤）、草样袋、A4 板夹、铅笔、记号笔等。

## • 人员准备

任务分工

| 任务角色 | 任务内容 |
|---|---|
| 组长： | 任务：组织小组成员选定待评区域草地，讨论确定草地等级评价的方式方法，分配工作任务，完成草地等级评价任务，评定其草地等级。 |
| 组员 1： | 任务：通过走访、实地观察、资料查询等方式确定待评区域草地各种牧草的饲用价值。 |
| 组员 2： | 任务：在待评区域草地上设置数量适当的样方，进行样方植物分种产草量的测定，填写草地样方产草量测定表。 |
| 组员 3： | 任务：在待评区域草地上设置数量适当的样方，进行样方植物分种产草量的测定，填写草地样方产草量测定表。 |
| 组员 4： | 任务：对分种产草量数据进行整理汇总，会同全组成员根据评价标准评价出草地等、草地级、草地等级，填写区域草地等级综合评定表。 |

## 任务筹划

完成草地等级评价工作，需要筹划以下 5 个方面的事项。

（1）准确识别与判定区域草地每种植物的饲用价值。

（2）正确设置调查样方与样方数量，详细测定每种草地植物的产草量。

（3）草地等评价时，特别要注意：良等以上牧草指的是优等牧草、良等牧草，中等以上牧草指的是优等牧草、良等牧草、中等牧草，低等以上牧草指的是优等牧草、良等牧草、中等牧草、低等牧草，劣等和不可食草类指的是劣等牧草、不可食草（包括毒害草），根据各等牧草占草群总产量的重量百分比来确定。

（4）草地级评价时要注意是可食牧草的单位面积产量。

（5）根据草地等和草地级的评价结果，综合判定草地等级。

## 任务实施

步骤一：准确识别待评草地各种植物，评判其饲用价值等级，测定草地样方植物产草量。

步骤二：对分种产草量数据进行整理、汇总、计算，综合评定草地等级。

中小草本及小半灌木产草量测定表

灌木及高大草本植物产草量测定表

区域草地等级综合评定表

## 任务总结

______________________________________________________________________

______________________________________________________________________

______________________________________________________________________

______________________________________________________________________。

## 任务检测

请扫码答题。

任务检测（上）

任务检测（下）

# 任务三　评价草地健康状况

## 任务导入

草地是干旱和半干旱地区最主要的生态系统之一，具有重要的生态、经济和社会功能。然而，由于气候变化、过度放牧和人类活动等因素的影响，全球范围内的草地退化问题日益严重，对草地生态系统的健康和可持续发展构成了巨大威胁。草地健康状况的评价对于准确定位当前我国草地生态所处历史方位、精准规划实施草地生态修复工程项目、科学落实草地保护制度措施、补齐草地监测评价体系工作空白等，具有重要意义。

请在某区域天然草地上确定草地健康状况评价区和生态参照区，根据草地健康状况评价的 3 个属性 12 个指标的测定方法，对草地健康评价区的各项评价指标进行测评，规范填写草地健康状况评价结果汇总表，确定该评价区的草地健康状况等级。

## 任务工单

班级 ________________　姓名 ________________　学号 ________________

| 任务名称 | 评价草地健康状况 |
|---|---|
| 任务描述 | 根据实际情况，填写本任务的内容、目的、流程和方法。<br>任务内容:________________________________<br>________________________________。<br>任务目的:________________________________<br>________________________________。<br>任务流程:________________________________<br>________________________________。<br>任务方法:________________________________<br>________________________________。 |
| 获取信息 | 要完成任务，需要掌握相关的知识。请收集资料，回答以下问题。<br>1. 什么是草地健康？健康的草地会表现出怎样的状态？<br><br>2. 请列出草地健康状况评价的 3 个属性、12 个评价指标？<br><br>3. 什么是草地健康状况评价区？草地健康状况评价区如何设立？<br><br>4. 什么是草地健康状况生态参照区？草地健康状况生态参照区如何确定？<br><br>5. 根据草地健康指数的测算，草地健康状况可评价为哪些等级？ |

（续表）

| 制订计划 | 制订完成本任务的工作计划。 |
| --- | --- |
| 任务实施 | 按照预先制订的工作计划，完成本任务，并记录任务实施过程。 |

| 序号 | 完成的任务 | 遇到的问题 | 解决办法 |
| --- | --- | --- | --- |
| | | | |
| | | | |
| | | | |
| | | | |

任务评价

评价表

| 项目 | 评价内容 | 分值 | 自评 | 互评 | 师评 |
| --- | --- | --- | --- | --- | --- |
| 知识技能 | 确定草地健康评价生态参照区与评价区 | 12 | | | |
| | 测评土壤属性的裸地、风蚀、土壤有机质、土壤紧实度4个指标 | 12 | | | |
| | 测评水文属性的水流痕迹、细沟、切沟、凋落物移动4个指标 | 12 | | | |
| | 测评生物属性的建群种、凋落物量、地上现存量、侵入种4个指标 | 12 | | | |
| | 根据12个指标测评数据，汇算属性健康指数、草地综合健康指数，判定草地健康状况等级 | 12 | | | |
| 任务进度 | 提前完成10分；正常完成7～9分；超时完成3～6分；未完成0～2分 | 10 | | | |
| 任务质量 | 整体效果很好为10分；较好为7～9分；一般为3～6分；较差为0～2分 | 10 | | | |
| 素养表现 | 指标测定求实严谨，评价客观真实，能对各类数据进行处理分析，有效提升探究能力 | 15 | | | |
| 思政表现 | 树立系统和全局的观念，正确评价草地健康状况 | 5 | | | |

## 任务准备

### • 知识准备

### 一、草地健康

草地健康：指草地生态系统中的生物和非生物结构的完整性、生态过程的平衡及其可持续的程度。

健康的草地能保持生态平衡，维持物种多样性，同时支持草地畜牧业及其他一系列的生产活动。具体表现为没有明显的水土流失，大多数降水渗入土壤，并就地被植物生长所用，或者作为地表水进入水系；植物群落有效地利用该地境的养分和能量；植物组成虽然有波动但是在自然或人为胁迫解除后，其土壤、植物群落和生态功能具有保持和恢复的趋势。

知识链接 9-3-1

GB/T 21439—2008 草原健康状况评价

如果草地健康状况下降，就提示草地经营者需要转变经营管理方式，而草地管理的最低标准应该是防止人为导致的草地健康损害。

### 二、草地健康评价指标及测评方法

草地健康评价选取土壤稳定性、水文功能、生物完整性 3 个草地生态系统的属性进行评价，每个属性又包括 4 项指标，共计 12 项指标。

#### （一）土壤稳定性

土壤稳定性也叫地境稳定性，是草地抵抗风力和水力引起的土壤资源（包括矿物养分和有机质）重新分布和流失的能力，通过以下 4 项指标进行评价。

**1. 裸地**

没有植被、凋落物或生草层覆盖的裸露土壤分布（表 9-3-1）。

表 9-3-1　裸地评价方法及评分标准

| 评价方法 | 裸地所占比例（%） | 分值 |
|---|---|---|
| 通过样线法或样方法，测定没有植被、生草层或凋落物覆盖的裸露地表面积所占的比例（%） | ＜15 | 5 |
| | 15～35 | 4 |
| | 35～55 | 3 |
| | 55～75 | 2 |
| | ≥75 | 1 |

**2. 风蚀**

被风力转移（移走或沉积）的表层土壤厚度（表 9-3-2）。

表 9-3-2 风蚀评价方法及评分标准

| 评价方法 | 风蚀厚度（mm/年） | 分值 |
|---|---|---|
| 测定被风力吹失的表层土壤的厚度；或是调查被吹蚀后裸露草根、树根的深度（mm/年） | ＜1 | 5 |
| | 1～3 | 4 |
| | 3～5 | 3 |
| | 5～10 | 2 |
| | ≥10 | 1 |

### 3. 土壤有机质

土壤表层（0～20 cm）的有机质含量（表 9-3-3）。

表 9-3-3 土壤有机质评价方法及评分标准

| 评价方法 | 表土有机质含量（g/kg） | 分值 |
|---|---|---|
| 测定表层土壤（0～20 cm）的有机质含量（g/kg） | ＞20 | 5 |
| | 15～20 | 4 |
| | 10～15 | 3 |
| | 5～10 | 2 |
| | ≤5 | 1 |

### 4. 土壤紧实度

土壤表层（0～20 cm）的板结情况，用土壤容重来度量（表 9-3-4）。

表 9-3-4 土壤紧实度评价方法及评分标准

| 评价方法 | 土壤相对容重 | 分值 |
|---|---|---|
| 测定生态参照区和评价区表层土壤（0～20 cm）的容重，计算出评价区与生态参照区表层土壤容重的比值，即为土壤的相对容重 | ＜1.0 | 5 |
| | 1.0～1.2 | 4 |
| | 1.2～1.4 | 3 |
| | 1.4～1.6 | 2 |
| | ≥1.6 | 1 |

## （二）水文功能

水文功能是草地获得、贮存及安全释放来自降水、径流和融雪等水源的能力，抵抗这些功能丧失的能力，以及退化后恢复这些功能的能力，通过以下 4 项指标进行评价。

### 1. 水流痕迹

地面漫流形成痕迹的数量分布（表 9-3-5）。

知识链接 9-3-2

SL277—2002 水土保持监测技术规程

知识链接 9-3-3

NY/T 1121.6—2006 土壤检测 第 6 部分：土壤有机质的测定

表 9-3-5 水流痕迹评价方法及评分标准

| 评价方法 | 水流痕迹所占比例（%） | 分值 |
| --- | --- | --- |
| 根据凋落物的分布、土壤和沙砾的运动痕迹，目测有明显水流痕迹的土地面积所占比例（%） | ＜5 | 5 |
| | 5～15 | 4 |
| | 15～20 | 3 |
| | 20～25 | 2 |
| | ≥25 | 1 |

## 2. 细沟

线状侵蚀在地表形成的较直的、细小的侵蚀沟的数量分布。细沟是指由分散的地表径流汇集成小股水流，冲走土壤表层土粒而在土壤表面形成的许多小沟。一般宽度不超过 50 cm，深度不超过 20 cm，水蚀仅发生于生草层或土壤剖面中的表土层（表 9-3-6）。

表 9-3-6 细沟评价方法及评分标准

| 评价方法 | 细沟所占比例（%） | 分值 |
| --- | --- | --- |
| 估计评价区细沟分布面积占土地面积的比例（%） | ＜1 | 5 |
| | 1～5 | 4 |
| | 5～10 | 3 |
| | 10～15 | 2 |
| | ≥15 | 1 |

## 3. 切沟

切入生草层（或土壤表土层）以下的侵蚀沟的数量分布。切沟是指细沟侵蚀扩大、加深后，切过生草层或土壤剖面中的表土层而形成的侵蚀沟，一般深度和宽度大于 50 cm，与细沟的区别是土壤剖面中的心土层甚至是母质层亦受到水力剥蚀（表 9-3-7）。

表 9-3-7 切沟评价方法及评分标准

| 评价方法 | 切沟所占比例（%） | 分值 |
| --- | --- | --- |
| 估计评价区切沟分布面积占土地面积的比例（%） | ＜1 | 5 |
| | 1～3 | 4 |
| | 3～5 | 3 |
| | 5～7 | 2 |
| | ≥7 | 1 |

## 4. 凋落物移动

凋落物被地表径流冲刷移动的程度（表 9-3-8）。

表 9-3-8 凋落物移动评价方法及评分标准

| 评价方法 | 凋落物移动痕迹所占比例（%） | 分值 |
|---|---|---|
| 估计评价区植物凋落物被地表水流冲刷移动痕迹占土地面积的比例（%） | ＜10 | 5 |
| | 10～30 | 4 |
| | 30～50 | 3 |
| | 50～70 | 2 |
| | ≥70 | 1 |

## （三）生物完整性

生物完整性也叫生物群落的完整性，是草地维持植物群落特有结构与功能处于正常波动范围之内的能力，抵抗因干扰所导致的结构与功能丧失的能力，以及受干扰后恢复其结构与功能的能力，通过以下 4 项指标进行评价。

### 1. 建群种

生态参照区内原生植物群落的建群种在评价区内的地位，用相对重要值表示（表 9-3-9）。

表 9-3-9 建群种评价方法及评分标准

| 评价方法 | 建群种相对重要值（%） | 分值 |
|---|---|---|
| 测定建群种在生态参照区和评价区内植物群落中的重要值，计算其相对重要值［（评价区重要值/生态参照区重要值）×100%］ | ＞80 | 5 |
| | 80～60 | 4 |
| | 60～40 | 3 |
| | 40～20 | 2 |
| | ≤20 | 1 |

### 2. 凋落物量

单位土地面积上植物凋落物的重量（表 9-3-10）。

表 9-3-10 凋落物量评价方法及评分标准

| 评价方法 | 相对凋落物量（%） | 分值 |
|---|---|---|
| 在牧草生长高峰期内，测定生态参照区和评价区当年未利用草地的地上凋落物量（$g/m^2$），计算评价区的相对凋落物量［（评价区凋落物量/参照区凋落物量）×100%］ | ＞90 | 5 |
| | 90～70 | 4 |
| | 70～50 | 3 |
| | 50～30 | 2 |
| | ≤30 | 1 |

### 3. 地上现存量

评价区内植物群落的地上现存量占生态参照区的百分比（表 9-3-11）。

表 9-3-11　地上现存量评价方法及评分标准

| 评价方法 | 相对地上现存量（%） | 分值 |
| --- | --- | --- |
| 测定生态参照区和评价区当年未利用草地的地上部分活体的重量（g/m²），然后计算评价区的相对地上现存量（评价区地上现存量/参照区地上现存量）×100% | ＞90 | 5 |
| | 90～70 | 4 |
| | 70～50 | 3 |
| | 50～30 | 2 |
| | ≤30 | 1 |

**4. 侵入种**

评价区植物群落中侵入种所占的地位，用重要值表示。侵入植物种是指侵入特定区域、具有潜在危害性的外来植物种。侵入种从国外或国内其他区域传入的本地原来并不存在的植物种，一旦侵入就可能迅速增加，造成本地植物群落的结构和功能发生较大变化（表 9-3-12）。

表 9-3-12　侵入种评价方法及评分标准

| 评价方法 | 侵入种的重要值（%） | 分值 |
| --- | --- | --- |
| 根据相对密度、相对频度、相对盖度、相对高度和相对重量等指标，取样测定评价区内入侵植物种的重要值，以衡量其在植物群落中的优势地位 | ＜5 | 5 |
| | 5～15 | 4 |
| | 15～30 | 3 |
| | 30～50 | 2 |
| | ≥50 | 1 |

## 三、草地健康评价步骤

根据影响草地健康状况的 3 个属性、12 项评价指标及其测定方法，采取以下 6 个步骤，依次完成草地健康状况评价。

（1）确定草地健康状况评价区域。一个草地健康状况评价区应该具有相似的地形和景观类型特征。草地健康评价的基本单元为地境，主要是依据土壤和地形来确定，另外也可按照草地分类系统中的亚类来划分。

（2）确定生态参照区并建立各项评价指标的本底数据库。在评价区域内或者是有相似地境（或相同草地亚类）的其他区域选择一块理想或接近于理想健康状况的草地，作为健康评价的生态参照区。生态参照区最好是该种地境类型的顶极植被群落区，或是接近于顶极植被群落、没有退化迹象的草地，而且应具有典型性和代表性。

知识链接 9-3-4

NY/T 1233—2006
草原资源与生态
监测技术规程

（3）在与生态参照区相比较的基础上，根据各项指标的测定方法，对草地健康评价区的各项评价指标进行观测，并做好记录。的同时，通过实地调查，尽可能详细地记录评价区的地形、地貌、气候、土壤、植被以及草地的分布面积、图斑范围、载畜量、管理和利用等基本情况，作为草地健康状况评价的辅助性依据。

（4）按各项草地健康状况评价指标的分级和评分标准，对各项评价指标的测定结果进行分级，并给出相应的分值，填写“草地健康状况评价结果汇总表”（表 9-3-13）。

**表 9-3-13　推荐性草地健康状况评价指标及其权重系数**

| 属性 | 属性权重系数 | 评价指标 | 指标权重系数 |
|---|---|---|---|
| 土壤稳定性 | 0.300 | 1. 裸地 | 0.097 |
| | | 2. 风蚀 | 0.077 |
| | | 3. 土壤有机质 | 0.068 |
| | | 4. 土壤紧实度 | 0.058 |
| 水文功能 | 0.200 | 5. 水流痕迹 | 0.041 |
| | | 6. 细沟 | 0.055 |
| | | 7. 切沟 | 0.069 |
| | | 8. 凋落物移动 | 0.035 |
| 生物完整性 | 0.500 | 9. 建群种 | 0.103 |
| | | 10. 凋落物量 | 0.132 |
| | | 11. 地上现存量 | 0.147 |
| | | 12. 侵入种 | 0.118 |

（5）计算草地评价区的土壤（地境）稳定性、水文功能、生物完整性 3 个属性的健康指数，并计算草地健康综合指数。

①计算属性健康指数

$$H_i = \sum_{j=1}^{4}\left(S_{ij} \times k_{ij}\right) / k_i$$

式中：

$H_i$：评价体系中第 $i$ 个属性的健康指数；

$S_{ij}$：第 $i$ 个属性的第 $j$ 个评价指标的得分；

$k_{ij}$：第 $i$ 个属性的第 $j$ 个评价指标的权重系数；

$k_i$：第 $i$ 个属性的权重系数。

②计算草地健康综合指数

$$H = \sum_{i=1}^{3}\left(H_i \times k_i\right)$$

式中：

$H$：草地健康综合指数；

$H_i$：评价体系中第 $i$ 个属性的健康指数；

$k_i$：第 $i$ 个属性的权重系数。

（6）根据属性健康指数、草地健康综合指数以及评价人员对草地健康评价区与生态参照区的综合比较，对草地健康状况作出全面评价和描述，并且针对草地健康状况出现的问题，提出相应对策，最后写出草地健康状况评价报告。

### 四、草地健康状况分级

根据草地健康指数，可将草地健康状况分为 5 个等级（表 9-3-14）。

**表 9-3-14　草地健康状况分级标准表**

| 草地健康综合指数（H） | 草地健康状况 |
| --- | --- |
| ＞4.5 | 极好 |
| 4.5～3.5 | 好 |
| 3.5～2.5 | 中等 |
| 2.5～1.5 | 差 |
| ≤1.5 | 极差 |

- **材料准备**

草地健康状况评价结果汇总表。

知识链接 9-3-5

解锁自然的力量
恢复草地健康

- **工具准备**

GNSS 定位仪、罗盘仪、照相机（手机）、摄影无人机、计算器、测绳、标示隔离带、铁锹、铁锤、标牌、标桩、插扦、样方框、样圆、钢卷尺、皮卷尺、剪草剪刀、戥子称（或电子秤）、草样袋、A4 板夹、铅笔、记号笔、环刀、环刀托、削土刀、土壤有机质检测仪、烘箱、天平等。

- **人员准备**

**任务分工**

| 任务角色 | 任务内容 |
| --- | --- |
| 组长： | 任务：组织小组成员确定草地健康评价生态参照区与评价区，讨论确定各评价指标的评测方式方法，分配工作任务，完成草地健康状况评价任务，会同全组成员对草地健康状况作出全面评价和描述。 |
| 组员 1： | 任务：现场采样并在实验室测评土壤有机质、土壤紧实度 2 个指标。 |
| 组员 2： | 任务：在评价区测评裸地、风蚀、水流痕迹、细沟、切沟 5 个指标。 |
| 组员 3： | 任务：在评价区测评凋落物移动、凋落物量、建群种、地上现存量、侵入种 5 个指标。 |
| 组员 4： | 任务：对 12 项指标数据进行检查、整理、汇总，计算属性健康指数、草地健康综合指数，评价草地健康状况等级。 |

## 任务筹划

完成草地健康状况评价工作，需要筹划以下 3 个方面的事项。

（1）草地健康状况评价除个别评价指标外，大多数评价指标的测评主观性强，因此在测评时一定要从整个评价区的角度全面而客观测评。

（2）土壤有机质、土壤紧实度指标需要在评价区现场采样后，在实验室进行仪器分析测评。

（3）生物完整性属性的建群种、凋落物量、地上现存量、侵入种 4 个评价指标的测评需要评价区测定数据与生态参照区本底数据的比较，若无现成的生态参照区本底数据，则需要同时测定评价区与生态参照区的建群种、凋落物量、地上现存量、侵入种 4 个指标数据。

## 任务实施

步骤一：确定草地健康评价的评价区与生态参照区。

步骤二：现场观察测定裸地、风蚀、水流痕迹、细沟、切沟、凋落物移动、凋落物量、建群种、地上现存量、侵入种 10 个指标。

步骤三：评价区现场采样，在实验室测评土壤有机质、土壤紧实度 2 个指标。

步骤四：按各项草地健康状况评价指标的分级和评分标准，对各项评价指标的测定结果进行分级，并给出相应的分值。

步骤五：计算属性健康指数、草地健康综合指数。

步骤六：对草地健康状况作出全面评价和描述。

草地健康状况评价结果汇总表

## 任务总结

______________________________

______________________________

______________________________。

## 任务检测

请扫码答题。

任务检测（上）

任务检测（下）

# 任务四　评价草地保护建设工程效益

## 任务导入

草地是我国陆地生态系统的重要主体和生态文明建设的主战场之一，也是广大牧民群众基本的生产生活资料和脱贫致富、乡村振兴的重要依托。加强草地生态环境保护，事关生态文明建设大局，事关民族团结、边疆稳定和牧区经济社会持续健康发展。实施西部大开发战略以来，我国对草地保护建设的投入大幅度增加，立项实施的草地保护建设工程项目日益增多，投资规模也越来越大。为掌握草地保护建设工程成效和政策效果，需要及时开展监测与评价工作，以便优化建设工程措施，完善草地保护政策。

请在某区域天然草地实施草地保护建设工程区内外分别布设样地，并在样地内设置3～5组调查监测样方，测定样方内植物盖度、高度、优良牧草产量、可食牧草产量、毒害草产量等监测调查指标，规范填写草地保护建设工程效益对照样方调查表，对比分析评价该草地保护建设工程的效益。

## 任务工单

班级＿＿＿＿＿＿＿＿　姓名＿＿＿＿＿＿＿＿　学号＿＿＿＿＿＿＿＿

| 任务名称 | 评价草地保护建设工程效益 |
|---|---|
| **任务描述** | 根据实际情况，填写本任务的内容、目的、流程和方法。<br>任务内容：＿＿＿＿＿＿＿＿＿＿＿＿＿＿＿＿＿＿＿＿＿＿＿＿<br>＿＿＿＿＿＿＿＿＿＿＿＿＿＿＿＿＿＿＿＿＿＿＿＿＿＿＿＿。<br>任务目的：＿＿＿＿＿＿＿＿＿＿＿＿＿＿＿＿＿＿＿＿＿＿＿＿<br>＿＿＿＿＿＿＿＿＿＿＿＿＿＿＿＿＿＿＿＿＿＿＿＿＿＿＿＿。<br>任务流程：＿＿＿＿＿＿＿＿＿＿＿＿＿＿＿＿＿＿＿＿＿＿＿＿<br>＿＿＿＿＿＿＿＿＿＿＿＿＿＿＿＿＿＿＿＿＿＿＿＿＿＿＿＿。<br>任务方法：＿＿＿＿＿＿＿＿＿＿＿＿＿＿＿＿＿＿＿＿＿＿＿＿<br>＿＿＿＿＿＿＿＿＿＿＿＿＿＿＿＿＿＿＿＿＿＿＿＿＿＿＿＿。 |
| **获取信息** | 要完成任务，需要掌握相关的知识。请收集资料，回答以下问题。<br>1. 什么是草地保护建设工程？<br><br>2. 我国实施的草地保护建设工程主要有哪些？<br><br>3. 草地保护建设工程的主要工程措施是什么？<br><br>4. 草地保护建设工程效益监测评价的主要指标有哪些？<br><br>5. 草地保护建设工程效益是从哪些方面进行评价的？ |

（续表）

<table>
<tr><td>制订计划</td><td>制订完成本任务的工作计划。</td></tr>
<tr><td>任务实施</td><td>按照预先制订的工作计划，完成本任务，并记录任务实施过程。<table>
<tr><th>序号</th><th>完成的任务</th><th>遇到的问题</th><th>解决办法</th></tr>
<tr><td></td><td></td><td></td><td></td></tr>
<tr><td></td><td></td><td></td><td></td></tr>
<tr><td></td><td></td><td></td><td></td></tr>
<tr><td></td><td></td><td></td><td></td></tr>
</table></td></tr>
<tr><td>任务评价</td><td>评价表<table>
<tr><th>项目</th><th>评价内容</th><th>分值</th><th>自评</th><th>互评</th><th>师评</th></tr>
<tr><td rowspan="5">知识技能</td><td>确定草地建设保护工程效益评价的成组对比样地及样方</td><td>10</td><td></td><td></td><td></td></tr>
<tr><td>测定样方内植物盖度、高度</td><td>15</td><td></td><td></td><td></td></tr>
<tr><td>测定样方内总产草量、可食牧草产草量、毒害草产量、优良牧草产草量等</td><td>15</td><td></td><td></td><td></td></tr>
<tr><td>根据指标测定数据分别整理计算汇总</td><td>10</td><td></td><td></td><td></td></tr>
<tr><td>统计分析并评价草地建设保护工程效益</td><td>10</td><td></td><td></td><td></td></tr>
<tr><td>任务进度</td><td>提前完成 10 分；正常完成 7～9 分；超时完成 3～6 分；未完成 0～2 分</td><td>10</td><td></td><td></td><td></td></tr>
<tr><td>任务质量</td><td>整体效果很好为 10 分；较好为 7～9 分；一般为 3～6 分；较差为 0～2 分</td><td>10</td><td></td><td></td><td></td></tr>
<tr><td>素养表现</td><td>指标测定求实严谨，评价客观真实，能对各类数据进行处理分析，有效提升探究能力</td><td>10</td><td></td><td></td><td></td></tr>
<tr><td>思政表现</td><td>树立习近平生态文明思想，感受国家对生态环境保护治理的极度重视程度</td><td>10</td><td></td><td></td><td></td></tr>
</table></td></tr>
</table>

## 任务准备

### • 知识准备

#### 一、草地保护建设工程

草地保护建设工程是指中央、地方政府针对草地生态系统，为实现草地生态系统的健康可持续发展与草地畜牧业高质量发展有机融合，所实施的草地生态保护、修复、治理工程。

实施西部大开发战略以来，我国对草地保护建设的投入大幅度增加，立项实施的草地保护建设工程项目日益增多，投资规模也越来越大，先后启动实施了天然草地恢复与建设、牧草种子基地建设、草原围栏、退牧还草、草原防火、草原治虫灭鼠、三江源自然保护区生态保护与建设工程、京津风沙源治理工程、西南岩溶地区石漠化治理工程等多种类型的草地保护建设工程项目。

知识链接9-4-1

草地保护工程的类型与特点

#### 二、草地保护建设工程的措施

草地保护建设工程的主要措施有围栏禁牧、围栏休牧、季节性划区轮牧、补播、飞播种草、人工种草、禁牧舍饲、棚舍建设、青贮窖建设、草料库建设、牧草种子基地建设、饲料地建设等。其中，草地围栏禁牧、围栏休牧、季节性划区轮牧措施是通过休养生息促进自然恢复，减轻草地放牧压力，保护草地；补播、棚舍建设、饲料地建设等措施是通过人工干预的方法加大饲草供应量，解决满足禁牧休牧后饲草短缺问题，促进天然草地恢复和草畜系统可持续生产。

针对不同程度的退化、沙化、盐碱化草地，草地保护建设工程中所采取的工程措施有所区别。

**1. 严重退化草地**

如黑土滩等严重退化草地一般采取人工种草、有害生物防控、禁牧封育等综合方式恢复草地植被，促进草地生态正向演替。

**2. 中度退化草地**

一般采取休牧轮牧、免耕补播、飞播种草等综合措施，促进草地植被恢复。

**3. 轻度退化草地**

一般采取划破草皮、松土施肥等综合措施，稳定和提升草地综合服务功能。

知识链接9-4-2

草地保护建设工程效益监测的特殊性

#### 三、草地保护建设工程效益评价

在中央、地方实施的草地保护建设工程中，退牧还草工程、京津风沙源治理工程和西南岩溶地区石漠化治理工程是草地工程效益评价的主要对象。

### （一）监测评价内容

监测不同工程措施对植被、退化草地与土壤地面的影响，分析工程区内外和工程实施前后植被、退化等级、严重退化草地面积和土壤变化情况，对比分析不同措施生态恢复效果，评估工程对生态、经济和社会效益的影响。

### （二）监测评价流程

包括相关资料收集分析，地面样地监测，入户调查不同措施工程区内外、工程实施前后的植被盖度、植被高度、地上生物量、可食牧草比例、退化指示植物、建群优良植物、土壤质量等指标提取，生物量、盖度等估算模型构建，退化程度、严重退化草地面积、健康指数、增加的牧草产值等评价指标的计算，生态、经济、社会效益综合分析（图 9-4-1）。

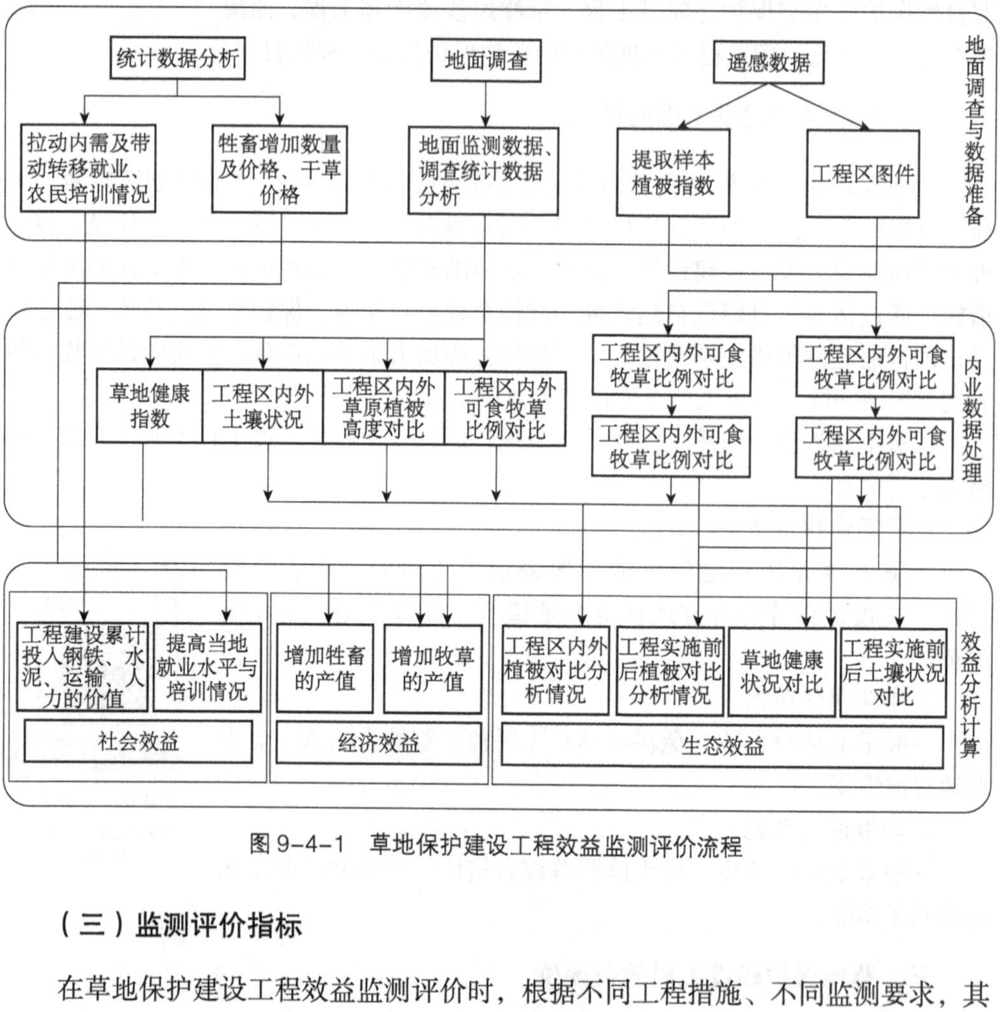


图 9-4-1 草地保护建设工程效益监测评价流程

### （三）监测评价指标

在草地保护建设工程效益监测评价时，根据不同工程措施、不同监测要求，其监测评价指标的选用有所不同，具体监测评价指标可参考表 9-4-1。

表 9-4-1　草地保护建设工程效益监测评价指标体系

| 效益 | 监测指标 | 评价指标 |
| --- | --- | --- |
| 生态效益 | 植物盖度、高度、地上生物量、可食牧草产量、退化（沙化、石漠化）指示植物生物量、建群优良植物生物量 | 植被盖度、高度、地上生物量、可食牧草比例的变化，草地健康指数，生物多样性指数 |
| | ＜0.25 mm 表土细沙比例、坡度、岩石裸露率 | 草地退化程度、严重退化草地面积 |
| | 土壤有机质、pH、容重、速效氮磷钾含量、全氮含量、钙离子含量 | 土壤质量 |
| 经济效益 | 增加的牧草产量、干草价格、可食牧草比例、实施面积、工程实施后累计增加牲畜量、价格 | 增加的牧草产值、增加的牲畜产值 |
| 社会效益 | 投入的建筑材料、运力、人力及价值本地就业人次、转移就业人次、科技培训人次数 | 项目拉动内需情况，带动劳动力、就业科技培训人次 |

### （四）调查监测步骤

#### 1. 摸清情况

对本省（自治区、直辖市）实施草地保护建设工程项目的情况进行详细摸底，掌握工程实施县的工程名称、面积、分布、建设时间、工程措施、投资情况等情况。此数据可咨询当地草原工作站获得。

#### 2. 选取样地样方

（1）样地。进行草地保护建设工程效益监测时，要同时选择工程区内样地和工程区外样地进行监测，其他条件如地貌、土壤和原生植被类型均需尽量保持一致。

（2）样方。在每个项目县的每个工程项目内至少要做 2～3 组（退牧还草项目做 3～5 组）工程区内、外对照样方，即每组包括工程区内的样方和工程区外基本等距地点的对照样方，每个对照组的工程区外样方应尽可能选在与工程实施前草地植被等状况基本一致的地段。不同组的工程区内、外对照样方应尽量分布在不同的工程区域内外，应能实事求是地反映项目工程的生态效益和经济效益。

#### 3. 样地样方编号和照片编号

例如，“青海湟源－退－001－01－内”和“青海湟源－退－001－01－外”，表示青海省湟源县退牧还草工程区内外第 1 组样地第 1 个对照样方。样方编号和照片编号要一致。

#### 4. 地面调查监测

采用样方法，成组测定工程区内外样方植物盖度、高度、地上生物量、可食牧草产量、退化指示植物生物量、建群优良植物生物量等监测评价指标。填写“草地保护建设工程效益对照样方调查表”。

### 5. 工程效益对比分析

（1）样地数据整理。分别计算成组样地内的所有样方数据的平均值，获取样地植被盖度、高度、产草量、可食比例等信息，以便于工程效益的统计分析。

（2）监测指标对比分析。重点分析项目区内外植被高度、盖度、产草量和可食牧草比例的变化。

①植被盖度对比分析。分别对工程区内外的植被盖度数据求平均值。

$$\text{盖度变化（\%）}=\text{盖度}_{\text{工程区内}}-\text{盖度}_{\text{工程区外}}$$

②植被高度对比分析。分别对工程区内外的植被高度数据求平均值。

$$\text{植被高度变化}=\frac{\text{高度}_{\text{工程区内}}-\text{高度}_{\text{工程区外}}}{\text{高度}_{\text{工程区外}}}\times 100\%$$

③产草量对比分析。分别对工程区内外的产草量数据求平均值。

$$\text{产草量变化}=\frac{\text{产草量}_{\text{工程区内}}-\text{产草量}_{\text{工程区外}}}{\text{产草量}_{\text{工程区外}}}\times 100\%$$

④可食牧草比例对比分析。分别对工程区内外的可食牧草比例数据求平均值。

$$\text{可食牧草比例}_{\text{工程区内}}=\frac{1-\text{有毒有害草产量}_{\text{工程区内}}}{\text{产草量}_{\text{工程区内}}}\times 100\%$$

$$\text{可食牧草比例}_{\text{工程区外}}=\frac{1-\text{有毒有害草产量}_{\text{工程区外}}}{\text{产草量}_{\text{工程区外}}}\times 100\%$$

$$\text{可食牧草比例变化}=\text{可食牧草比例}_{\text{工程区内}}-\text{可食牧草比例}_{\text{工程区外}}$$

## （五）工程效益评价

知识链接 9-4-3

草地保护建设工程效益对比分析计算案例

对工程生态效益、经济效益和社会效益的评价需要结合多项指标综合评价。一些重要的指标如健康指数、退化程度、新增经济产值，能够明显地反映效益情况，也可单独用于某项效益的评价。而植被盖度、高度、产量、牲畜出栏率变化等指标，不能单独反映工程效益情况，应在效益评价中结合其他指标使用。

### 1. 生态效益评价

对比工程区内外、工程实施前后工程区及监测县全境植被盖度、产量、高度、可食牧草比例、草地健康指数和退化等级等指标的变化情况，综合分析工程生态效益。设置固定监测点的县，还应对土壤质量情况对比分析。此外，还可参考水、土、气候等生态因素的变化和自然灾害的消长评价工程的生态效益。

### 2. 经济效益评价

主要评价增加的牧草和牲畜产值。利用产草量、牧草价格等数据，计算工程实施期内，各种工程措施累计增加的牧草产值。使用入户调查或统计的牲畜数量出栏率、胴体重等信息及其年际变化情况，计算工程实施后比实施前累计增加的牲畜产值。

#### 3. 社会效益评价

主要用工程促进转移就业、开展科技培训和拉动内需等情况进行评价。就业培训情况包括工程实施期内带动劳动力本地就业人次、转移就业人次、科技培训人次、累计培训日数等。项目拉动内需情况包括工程实施期内累计投入的建筑材料、运力、人力及价值，如工程实施投入的钢材、水泥、运输车次、雇佣人力的数量及各项投入的价值等。

知识链接9-4-4

草地保护建设工程效益监测评价案例

## • 材料准备

草地保护建设工程效益对照样方调查表。

## • 工具准备

GNSS 定位仪、罗盘仪、照相机（手机）、摄影无人机、计算器、测绳、标示隔离带、铁锹、铁锤、标牌、标桩、插扦、样方框、钢卷尺、皮卷尺、剪草剪刀、戥子称（或电子秤）、草样袋、A4 板夹、铅笔、记号笔、环刀、环刀托、削土刀、土壤有机质检测仪、土壤养分速测仪、烘箱、天平、交通工具等。

## • 人员准备

**任务分工**

| 任务角色 | 任务内容 |
|---|---|
| 组长： | 任务：组织小组成员确定草地建设保护工程对比样地样方，讨论确定各指标的测定方式方法，分配工作任务，会同全组成员对草地建设保护工程效益作出全面评价和描述。 |
| 组员 1： | 任务：合作测定样方内植物盖度、高度、总产草量、可食牧草产草量、毒害草产量、优良牧草产草量等，填写相关记录表。 |
| 组员 2： | 任务：合作测定样方内植物盖度、高度、总产草量、可食牧草产草量、毒害草产量、优良牧草产草量等，填写相关记录表。 |
| 组员 3： | 任务：合作测定样方内植物盖度、高度、总产草量、可食牧草产草量、毒害草产量、优良牧草产草量等，填写相关记录表。 |
| 组员 4： | 任务：对指标数据进行检查、整理、汇总，填写草地保护建设工程效益对照样方调查表。 |

## 任务筹划

完成草地保护建设工程效益评价工作，需要筹划以下 4 个方面的事项。

（1）草地保护建设工程效益地面测定指标采用对照样方法，其各项指标的测定同草地样方调查监测方法相同。

（2）土壤质量的对比检测需要在现场采样后，在实验室进行样品的仪器分析和测定。

（3）草地退化等级的判定按 GB 19377—2003《天然草地退化、沙化、盐渍化的分级指标》进行。

（4）生态效益的评价需要结合多项指标进行综合评价，不能仅仅依据样方调查监测单项指标结果进行评价。经济效益及社会效益的评价需要通过入户调查、市场调查等方式方法获取相关数据后才能进行综合分析测评。

## 任务实施

步骤一：在实施草地保护建设的工程区内和工程区外，选定 1 组 2 块草地作为工程区内样地和工程区外样地，分别在样地里等距设置 3 组工程区内、外对照样方，拍摄工程区内、外样地景观照及工程区内、外样方俯视照。

步骤二：测定工程区内、外对照样方植物盖度、高度、可食牧草产草量、总产草量等指标。

工程区内外景观照及样方俯视照粘粘单

草地保护建设工程效益对照样方调查表

步骤三：统计分析并评价草地建设保护工程的各项效益。

________________________________________________________________

________________________________________________________________。

## 任务总结

________________________________________________________________

________________________________________________________________。

## 任务检测

请扫码答题。

任务检测（上）

任务检测（下）

# 参考文献


郭思加，刘彩霞，1998. 论中国草地的水平分布及其地带性规律 [J]. 宁夏农学院学报，19（3）：25-33.

国家林业和草原局，2020. 中国林业和草原统计年鉴（2019）[M]. 北京：中国林业出版社 .

国家林业和草原局，2021. 中国林业和草原统计年鉴（2020）[M]. 北京：中国林业出版社 .

国家林业和草原局，2022. 中国林业和草原统计年鉴（2021）[M]. 北京：中国林业出版社 .

国家林业和草原局，2023. 中国林业和草原统计年鉴（2022）[M]. 北京：中国林业出版社 .

国家林业和草原局，应急管理部，2022-10-12. 国家林业和草原局，应急管理部关于印发《"十四五" 全国草原防灭火规划》的通知 [EB/OL]. https://www.gov.cn/zhengce/zhengceku/2023-01/10/content_5736078.htm.

国家林业和草原局规划财务司，2019. 2018 年全国林业和草原发展统计公报 [R/OL].（2019-06-14）[2024-03-26].https://www.forestry.gov.cn/html/main/main_195/20190614150443122346063/file/20190614154955926393514.pdf.

国家林业和草原局森林资源管理司，2022-5-9. 国家林业和草原局森林资源管理司关于印发《2022 年全国森林、草原、湿地调查监测技术规程》《2022 年全国森林、草原、湿地调查监测质量检查办法（试行）》的通知 [EB/OL]. https://lyj.ah.gov.cn/ztzl/lyzlzxxd/zywj/40560795.html.

花立民，张鲜花，2021. 草地调查规划学 [M]. 北京：中国农业出版社 .

李治国，王占义，屈志强，等，2021. 中国草地等级划分体系回顾与新体系构建 [J]. 资源科学，43（11）：2192-2202.

刘雅婷，2022. 农科大类基础课程思政教学指南 [M]. 北京：中国农业出版社 .

农业部，2015-7-15. 农业部关于调整全国草原火险区划级别的通知 [EB/OL]. http://www.moa.gov.cn/govpublic/XMYS/201507/t20150715_4745804.htm.

农业部草原监理中心，2010. 全国草原监测培训教材 [Z]. 北京：农业部草原监

理中心 .

农业部草原监理中心，2015. 中国草原监测 [M]. 北京：中国农业出版社 .

青海畜牧兽医职业技术学院草地资源动态监测技术课程建设团队，2014. 草地资源动态监测技术 [M]. 北京：中国农业出版社 .

青海省人民政府办公厅，2021-12-27. 青海省第三轮草原生态保护补助奖励政策实施方案（2021—2025 年）[EB/OL]. http://www.qinghai.gov.cn/xxgk/xxgk/fd/zfwj/202201/t20220113_188910.html

青海省市场监督管理局，2021. 草原火灾损失评估技术规范：DB63/T 1969—2021 [S]. 青海：青海省市场监督管理局 .

青海省质量技术监督局，2002. 草地鼠虫害、毒草调查技术规程：DB63/T 393—2002[S]. 青海：青海省质量技术监督局 .

青海省质量技术监督局，2013. 草地合理载畜量计算：DB63/T 1176—2013[S]. 青海：青海省质量技术监督局

青海省质量技术监督局，2015. 草原蝗虫监测技术规范：DB63/T 1416—2015[S]. 青海：青海省质量技术监督局 .

青海省质量技术监督局，2015. 草原毛虫监测技术规范：DB63/T 1417—2015[S]. 青海：青海省质量技术监督局 .

青海省质量技术监督局，2015. 高原鼢鼠监测技术规范：DB63/T 1418—2015[S]. 青海：青海省质量技术监督局 .

青海省质量技术监督局，2015. 高原鼠兔监测技术规范：DB63/T 1419—2015[S]. 青海：青海省质量技术监督局 .

青海省质量技术监督局，2016. 青海天然草地分类：DB 63/T 1513—2016[S]. 青海：青海省质量技术监督局 .

青海省质量技术监督局，2021. 草地地面鼠害防治技术规范：DB63/T 164—2021 [S]. 青海：青海省质量技术监督局 .

全国畜牧总站，2018. 中国草原生物灾害 [M]. 北京：中国农业出版社 .

全国畜牧总站，2020. 草原牧业实用技术 2018[M]. 北京：中国农业出版社 .

四川省质量技术监督局，2011. 高原鼢鼠预测预报技术规程：DB51/T1285—2011 [S]. 四川：四川省质量技术监督局 .

四川省质量技术监督局，2018. 草原火险监测地面调查技术规程：DB51/T 2471—2018[S]. 四川：四川省质量技术监督局 .

宋艳玲，2022. 全球干旱指数研究进展 [J]. 应用气象学报，33（5）：513-526.

辛有俊，杜铁瑛，辛玉春，等，2011. 青海草地载畜量计算方法与载畜压力评价 [J]. 青海草业，20（4）：13-22.

许鹏，1994. 草地调查规划学 [M]. 北京：中国农业出版社 .

岳方正，李璇，杨鼎，等，2022. 我国主要草原有害生物防治指标制定与分析 [J]. 草业科学，39（9）：1773-1781.

中华人民共和国国家质量监督检验检疫总局，2004. 天然草地退化、沙化、盐渍化的分级指标：GB 19377—2003[S]. 北京：中国标准出版社 .

中华人民共和国国家质量监督检验检疫总局，中国国家标准化管理委员会，2008. 草原健康状况评价：GB/T 21439—2008[S]. 北京：中国标准出版社 .

中华人民共和国国家质量监督检验检疫总局，中国国家标准化管理委员会，2013. 北方牧区草原干旱等级：GB/T 29366—2012[S]. 北京：中国标准出版社 .

中华人民共和国国家质量监督检验检疫总局，中国国家标准化管理委员会，2016. 区域旱情等级：GB/T 32135—2015[S]. 北京：中国标准出版社 .

中华人民共和国国家质量监督检验检疫总局，中国国家标准化管理委员会，2018. 牧区雪灾等级：GB/T 20482—2017[S]. 北京：中国标准出版社 .

中华人民共和国农业部，2006. 土壤检测 第 6 部分：土壤有机质的测定：NY/T 1121.6—2006[S]. 北京：中华人民共和国农业部 .

中华人民共和国农业部，2006. 草原资源与生态监测技术规程：NY/T 1233—2006[S]. 北京：中华人民共和国农业部 .

中华人民共和国农业部，2007. 天然草原等级评定技术规范：NY/T 1579—2007[S]. 北京：中华人民共和国农业部 .

中华人民共和国农业部，2015. 天然草地合理载畜量的计算：NY/T 635—2015[S]. 北京：中华人民共和国农业部

中华人民共和国农业部，2016. 草地分类：NY/T 2997—2016[S]. 北京：中华人民共和国农业部 .

中华人民共和国水利部，2002. 水土保持监测技术规程：SL 277—2002[S]. 北京：中国水利水电出版社 .

朱进忠，2020. 草地调查规划学 [M]. 北京：中国农业出版社 .

自然资源部，国家林业和草原局，2022-3-31. 自然资源部，国家林业和草原局关于开展 2022 年全国森林、草原、湿地调查监测工作的通知 [EB/OL]. http://gi.mnr.gov.cn/202204/t20220402_2732470.html

图书在版编目（CIP）数据

草地调查监测 / 张东杰，任钊江，都日娜主编．北京：中国农业科学技术出版社，2024. 9. -- ISBN 978-7-5116-7080-9

Ⅰ. S812.5

中国国家版本馆 CIP 数据核字第 2024NM2809 号

责任编辑　任玉晶
责任校对　马广洋
责任印制　姜义伟　王思文

出 版 者　中国农业科学技术出版社
　　　　　北京市中关村南大街 12 号　　邮编：100081
电　　话　（010）82106641（编辑室）（010）82106624（发行部）
　　　　　（010）82109709（读者服务部）
网　　址　https://castp.caas.cn
经 销 者　各地新华书店
印 刷 者　中煤（北京）印务有限公司
开　　本　185 mm × 260 mm　1/16
印　　张　15.75
字　　数　350 千字
版　　次　2024 年 9 月第 1 版　2024 年 9 月第 1 次印刷
定　　价　48.00 元